DANCE OF THE PHOTONS
Einstein, Entanglement and Quantum Teleportation

光 子 之 舞

爱因斯坦，量子纠缠和量子隐形传态

[奥] 安东·蔡林格(Anton Zeilinger)◎著　　刘宁◎译

潘建伟 袁岚峰◎导读　　　　　　　　吴从军 王勍◎审校

中信出版集团 | 北京

图书在版编目（CIP）数据

光子之舞：爱因斯坦，量子纠缠和量子隐形传态 /
（奥）安东·蔡林格著；刘宁译 . -- 北京：中信出版社，
2024.1
ISBN 978-7-5217-5826-9

Ⅰ.①光⋯ Ⅱ.①安⋯ ②刘⋯ Ⅲ.①量子论 Ⅳ.
①O413

中国国家版本馆 CIP 数据核字（2023）第 115790 号

光子之舞——爱因斯坦，量子纠缠和量子隐形传态
著者： 〔奥〕安东·蔡林格
译者： 刘宁
出版发行：中信出版集团股份有限公司
　　　　　（北京市朝阳区东三环北路 27 号嘉铭中心　邮编　100020）
承印者： 北京盛通印刷股份有限公司

开本：880mm×1230mm 1/32　印张：11.75　　字数：248 千字
版次：2024 年 1 月第 1 版　　　印次：2024 年 1 月第 1 次印刷
京权图字：01-2023-3490　　　　书号：ISBN 978-7-5217-5826-9
　　　　　　　　　　　　　　　定价：69.00 元

目　录

推荐序一

潘建伟

这是一本关于量子物理和量子信息的美妙的科普图书，由诺贝尔物理学奖获得者、奥地利维也纳大学的安东·蔡林格（Anton Zeilinger）教授撰写。作为量子信息领域最顶尖的科学家群体中的一员，蔡林格教授在科学传播上同样是佼佼者，我曾近距离领略过他在这方面的才思。而《光子之舞》这本科普读物，可让大家对这一点稍做管窥。

蔡林格教授是我留学奥地利时的博士生导师。我在 1996 年加入他的研究小组，实现量子隐形传态是我在蔡林格教授的指导下与同事合作完成的第一个实验工作。1997 年底，这一工作以《实验量子隐形传态》（Experimental Quantum Teleportation）为题刊登在了《自然》杂志上。

这是一个令人惊奇的重要实验，它发表后立即引起了学术界和社会公众的广泛关注。我曾经有过一个难忘的经历，有一次，我在阿尔卑斯山的一个峡谷散步时遇见一位坐在轮椅上的老太太，她说她看过《实验量子隐形传态》那篇论文，虽然尽力了，却还是看不懂。后来在 1999 年，这篇论文同有关发现 X 射线、建立相对论、发现 DNA（脱氧核糖核酸）双螺旋结构等影响世界的重大研究成果的论文一起被《自然》杂志选为"百年物理学 21 篇经典论文"。

这一实验工作具有划时代的意义，它不仅被认为是量子信息实验研究的开山之作，对于中国的量子信息发展也有着不寻常的意义：从那时起，国内学术界的主流意见基本停止了对量子信息的质疑，这为这一新兴领域在我国的蓬勃发展打开了局面。

在奥地利期间，我还和蔡林格教授合作完成了一系列量子物理基础和量子信息领域的奠基性实验，包括实现量子纠缠交换、量子纠缠纯化、三光子 GHZ 态[1] 的制备及非定域性检验等。

结束了在奥地利的学习和工作后，我回到中国独立开始了量子信息的研究，从蔡林格教授的学生变成了他的同行。我们在不同的国度同时开展量子信息研究，友好地合作和竞争。同时，量子信息这个新兴领域，随着其应用渐现端倪，也越来越受到各界关注。特别是当中国的科学家和工程师团队通过"墨子号"量子科学实验卫星和地面光纤干线将量子通信推进到数千公里的规模之后，全世界都感受到量子信息，特别是量子通

---

[1] 三光子 GHZ 态是由格林伯格（Greenberger）、霍恩（Horne）和蔡林格（Zeilinger）提出的一种三体两态系统的纠缠态。

信已经开始从人的梦想走向现实。

随着量子信息的蓬勃发展，蔡林格教授和另外两位教授阿兰·阿斯佩（Alain Aspect）、约翰·克劳泽（John Clauser）一起获得 2022 年诺贝尔物理学奖。他们的获奖理由是："利用纠缠光子进行实验，确立对贝尔不等式的违背并开创量子信息科学。"非常巧合的是，这恰恰是该书题目中的三个关键词"爱因斯坦、光子、量子隐形传态"所要告诉我们的故事。

我试着对这个故事的脉络进行了一下梳理。爱因斯坦最广为人知的成就是提出了相对论，而他对量子力学的建立同样功不可没。他提出的光量子假说是量子力学的基本概念之一，他也因此——而不是相对论——获得了 1921 年诺贝尔物理学奖。尽管如此，随着量子力学理论基本框架的完成，由于对该框架并不满意，他还是开始质疑量子力学本身的完备性。

这里我先借用"薛定谔的猫"简要介绍一下量子叠加和量子纠缠的概念。日常生活中，我们知道一只猫只能处于"死"或者"活"两种状态之一。但是按照量子力学，对于微观世界的一只"猫"，如果我们不去"看"这只猫到底是死是活，它在某些特定条件下就可以处于一种"死"和"活"状态的相干叠加，换句话说，在这种状态下，猫的生死是完全不确定的。这种不确定性是内秉的，并不能随着观测手段的提升而变得确定，这就是所谓的"上帝掷骰子"。

虽然量子叠加的概念与我们日常生活的经验相比已经非常奇怪，但如果把量子叠加扩展到多体系统，会导致一种更奇怪的现象，那就是量子纠缠。仍然用猫来打比方，在量子世界中的两只猫，甚至可以处于"活活"和"死死"两种状态的相干叠加。在这种状态下的两只猫，尽管每一只猫的生死都是不确定的，但如果我们去"看"其中一只猫并发现它是活的，那么另一只猫会瞬间"坍缩"到"活"的状态，反之亦然，即使这两只猫已经分隔非常遥远。也就是说，这两只猫的生死状态存在完美的关联，就仿佛是"纠缠"在一起一样，这正是量子纠缠一词的由来。

显然，爱因斯坦不满意量子力学竟然可以允许这种奇怪现象的存在，于是他和两位同事在 1935 年发表的一篇著名论文中进行了一番推理：

（1）假设爱丽丝和鲍勃两个人分别去观测这两只猫的生死状态。如果他们观测的时间间隔非常短，以至于宇宙中飞行速度最快的光都来不及在爱丽丝和鲍勃之间对观测结果"通风报信"，那么他们各自的观测结果便是完全独立的，这在物理学上被称为"类空间隔"。

（2）即使是类空间隔，利用量子纠缠观测结果的关联性，也可以根据爱丽丝的观测结果立即精确预言出鲍勃的观测结果。例如，爱丽丝如果看到她那边的猫是"活"的，她可以立即确定，鲍勃若去看他那边的猫，那也一定是"活"的，反之亦然。

因此，对于两个完全独立的观测事件，爱丽丝可以精确预言鲍勃每一次的观测结果，这只能解释为：鲍勃的观测结果即鲍勃那只猫的生死状态，是在被进行观测前就已经确定好的，根本不是量子力学所描述的那样是"不确定的"。这就是爱因斯坦所坚持的"定域实在性"。

然而，尼尔斯·玻尔等坚持的量子力学认为：

（1）在对猫进行观测前，它们的生死状态是不确定的。

（2）一旦爱丽丝进行了观测，她那只猫的生死状态就被确定，同时鲍勃那只猫的生死状态也确定了，不管这两只猫相距多么遥远。

这就是"量子力学非定域性"。

尽管两种观点完全不同，但都能够解释量子纠缠观测结果的关联现象，因此这一争论暂时只能停留在哲学层面。

一直到将近 30 年后的 1964 年，北爱尔兰物理学家约翰·贝尔（John Bell）提出了贝尔不等式，才提供了通过实验检验这两种观点孰是孰非的可能。简言之，对两个粒子的各种测量结果可以组合出一个不等式，如果"定域实在性"正确，那么这个不等式一定成立；反之，如果违背贝尔不等式，那么爱因斯坦的"定域实在论"就错了。而按照量子力学的预言，从量子纠缠态出发，可以找到某种组合违背贝尔不等式。

接下来就是实验验证了。从 20 世纪 70 年代起，以蔡林格教授等三位诺奖得主为代表的物理学家开展了大量实验，越来越严格地验证了对贝尔不等式的违背，从而证明了量子力学的正确性。

除了在量子物理基础领域的探索外，通过实验验证贝尔不等式被违背，物理学家们发展出了主动精确操纵量子状态的技术，使得人们可以利用量子状态实现对信息的编码、调制、传输和测量，从而催生了一门全新的学科：量子信息。量子信息可以提供原理上无条件安全的通信、超快的并行计算能力，以及超高的测量精度，将为信息科学、物质科学、生命科学乃至探索宇宙的奥秘带来革命性的突破，现已成为当今物理学发展最前沿的领域之一。当然，可能是限于篇幅，这本书对于量子信息并没有太多着墨，但量子隐形传态正是整个量子信息领域的基础，可以说，理解了量子隐形传态，就进入了量子信息领域的大门。

还可以看出，从爱因斯坦提出光量子假说，到爱因斯坦用"光子盒"等各种思想实验与玻尔争论，到制备并操纵光子的纠缠，再到实现量子隐形传态，从概念到实践，光子在整个量子力学以及量子信息的发展历程中都扮演着极为重要的角色，这可能正是该书命名为"光子之舞"的原因。

下面对这本书各章节的内容做一简要介绍。

连同序章，《光子之舞》一共有 37 章。序章（序言）从奥地利久负盛名的新年音乐会开始，将人们引向多瑙河下的奇妙量子实验。这一章以奥地利的历史文化作为故事背景，引入了一丝凝重，而多瑙河下的污水管道，神秘小屋里的科学装置则营造了些许科技朋克的氛围。

第 1 章到第 7 章，主要介绍了有关光的量子认识和重要的量子力学公理——测不准原理。这几章提供了准确的物理学史实和清晰的物理学发展脉络。例如，准确地指出了爱因斯坦提出光量子假设的灵感来自将辐射熵和气体熵进行的对比。第7章有意虚构了一位错误地应用测不准原理为自己辩护的行驶超速司机，从而提示读者去认识如何在微观尺度物理规律与宏观尺度物理规律之间过渡。

第8章和第9章，从测不准原理对于通过经典手段传输量子信息的限制出发，揭示了量子隐形传态的意义，并提出量子纠缠的关键作用。接着，第10章到第17章，通过两位虚构人物爱丽丝和鲍勃描述探索完成贝尔不等式违背实验的过程，对量子纠缠现象和其中蕴含的量子力学非定域性做了生动、准确、深入浅出的讲解。当然，要读懂其中关于贝尔不等式以及隐变量理论等的介绍，也并非完全轻松的事情，但我认为，只要仔细思索，普通读者仍然会有所收获，进而较为准确地理解量子纠缠。

第18章讨论了信号传播不可超光速问题，也就是"No-signaling"原理。以此为出发点，第19章到第20章，介绍了对于证伪定域实在论来说，贝尔不等式实验还存在的三方面"漏洞"。这几章的内容对于普通读者来说比较有趣的可能是其中关于"No-signaling"原理的通俗描述，它们能够澄清一些关于量子纠缠超光速的不切实际的想象。

蔡林格教授深知，纵然他的文笔已经足够通俗晓畅，读者理解和接受这些艰深的物理学概念也并非易事。于是，在第21章，他安排了一场短途旅行。在旅行中，一位年轻的哲学系学生查理与爱丽丝及鲍勃开展了一些哲学层面上的讨论，看来这些讨论很轻松愉快。在旅行结束时，三位学生顺便去了薛定谔的墓葬凭吊。薛定谔和莫扎特同为奥地利人，在这里，蔡林格教授一定在为奥地利在近当代能拥有科学和艺术领域的伟大天才而感到骄傲自豪。作为中国的读者，我们或许会从中感受到一种动力，它督促我们为中国科学和艺术的繁荣而思考和努力。

第 22 章到第 27 章，介绍了量子随机数、纠缠光子、量子信息的起源以及一些关于贝尔不等式违背实验研究的历史和进展。这几章比起前面的章节来说多多少少会有些难懂。尤其是在关于光子全同性在纠缠光子对测量中的作用，以及一些实验细节和假设要求的描述和讨论上，缺乏相关背景的读者可能难以深入理解。但普通读者也不必强求自己理解全部细节，记住一些知识性的结论即可。

第 28 章，读者又被引回到这本书一开始那个多瑙河下的量子实验，这一章详细地描述了量子隐形传态实验是如何完成的。如果能够仔细理解前面爱丽丝和鲍勃参与的那个实验。那么这一章应不会难懂。

第 29 章到第 31 章介绍了更为复杂的一些量子隐形传态实验以及其科学和应用意义，主要包括纠缠交换、延时选择量子隐形传态、连续变量量子隐形传态、量子中继等。如果读者的关注点在应用上，那么可以着重阅读其中关于量子中继的介绍。

第 32 章简单介绍了量子信息技术。

第 33 章展望了量子隐形传态的未来发展。这一章里，最有趣的部分是批判关于量子隐形传态的不切实际的幻想，这也许会让一些读者失望，但科学就是科学。

第 34 章描写了欧洲的星地量子通信计划实施过程中，阿特米斯卫星和地面实现光信号连接的一个瞬间。但是，他们还没有完成星地量子纠缠分发和隐形传态，文中的卫星甚至还没有装上量子纠缠源。而中国的"墨子号"量子科学实验卫星在 2017 年就完成了卫星与地面间的量子密钥分发、量子纠缠分发和量子隐形传态三大科学实验任务，可以自豪地说，中国在量子通信领域的确处于国际领先水平。

第 35 章对量子信息技术应用进行了一些展望。第 36 章则从科学哲学的角度对量子隐形传态所隐含的意义进行了讨论。读者们可自行领会，或与作者在思想上暗自交锋。

总之，在我看来，蔡林格教授的这本书，专业而浪漫，严谨又风趣。它不仅仅是非量子信息专业的读者了解该领域基本概念、理论和实验成果的一个窗口，对于我国的科普工作者来说，在写作方法上也有值得借鉴学习之处。我愿读者们能够仔细地体会这本书中的妙处。

推荐序二

袁岚峰

我非常高兴和荣幸，向大家介绍当代物理学大师、2022年诺贝尔物理学奖获得者安东·蔡林格的这本科普著作《光子之舞》。此书的主要内容是量子隐形传态，它相当于科幻作品中的传送术。其实，量子隐形传态的英文名"quantum teleportation"，直译过来，就是量子传送。所以我们在书中经常会见到"传送"这个词，也经常见到"隐形传态"这个词，读者可以明白，它们在英文原文中其实是同一个词。

许多科幻作品都会出现传送术。例如，书中提到的《星际迷航》系列，就是个典型，它甚至造出了一句名言："把我传上去！"然而如果细想起来，问题就来了：传送是个有科学原理支撑的技术，还是是个纯粹的幻想？如果有科学原理支撑的话，是什么呢？

科幻影视剧中对传送术的描述，往往是先对要传送的物体做一个扫描，在完全了解了它的信息之后，再根据这些信息在远处重建出这个物体。这看起来很合理，但唯一的问题在于，在真实世界中，这其实是不可能的。

为什么呢？因为要获得物体的信息，就需要做测量。然而，真实世界遵循的物理规律是量子力学，量子力学中测量的结果一般而言是不确定的，一次测量只能得到多个可能的结果中的某一个。更糟糕的是，测量以后状态就改变了。假如我们有很多个相同的样品，那么可以重复很多次测量，获得概率分布。但我们要传的是独一无二的样品或人，那就不可能重复测量很多次。因此，这个看似一目了然的方法，其实是行不通的。

实际上，传送的问题可以表述为：对于一个未知状态的量子体系，如何把它的状态传到远处的另一个体系上去？这里的关键在于状态未知，假如状态已知，就没有任何难度了，那就变成了一个制备特定状态的问题。但对于未知的状态，我们就没办法在不破坏它的情况下测量它，所以这个问题极其棘手。其实量子力学中有一个"量子态不可克隆定理"，说的就是对于未知的量子态，不存在可靠的方法将它复制。

乍看起来，这已经宣判了量子传送的不可能性。然而，真正的峰回路转之处在于：我们不可能复制一个未知的量子态，但有可能把它转移到另一个地方！转移的意思就是，把 A 粒子的状态转移到 B 粒子上，同时 A 粒子的状态发生变化，所以最终还是只有一个体系具有 A 最初的状态，而不是两个。

1993 年，有六位理论物理学家提出了量子隐形传态的构想。论文的标题很长，叫作《通过双信道（经典以及爱因斯坦-波多尔斯基-罗森信道）远距离传送未知量子态》。这里提到的爱因斯坦-波多尔斯基-罗森信道就是大名鼎鼎的神奇现象——量子纠缠。因为量子纠缠是爱因斯坦和他的这两位助手在 1934 年提出的，所以人们也常把量子纠缠对用这三人的姓氏首字母表示，即将其称为 EPR 对。量子纠缠的效果是，两个粒子各自的测量结果是随机数，但这些随机数之间存在确定的关联，例如总是相同或者总是相反。事实上，蔡林格 2022 年获得诺贝尔物理学奖的主要原因就是，在同年获得该奖的其他两位物理学家（约翰·克劳泽和阿兰·阿斯佩）之后做了证实量子纠缠的实验。

量子隐形传态的理论方案是在 1993 年提出来的，而实验是在 1997 年进行的。该实验正是由蔡林格的研究组首次实现的，这也是他获得诺贝尔物理学奖的原因之一。跟前面的理论文章形成鲜明对比的是，这篇实验文章的标题极其简短，英文只有三个单词，其中文译作《实验量子隐形传态》。特别值得一提的是，潘建伟是此文的第二作者，当时他在蔡林格的组里读博士。

提到量子隐形传态，最容易产生的其实是种种误解。下面我们就来解释一下，它是什么以及不是什么。

首先，它传的是状态，而不是粒子。我们并不是让一个粒子在这里消失，在那里出现，而是让一个粒子的状态出现在远处的粒子上。

然后，它是状态的移动，而不是复制。经常有人以为，这样会得到两个相同的人，于是立刻就产生一大堆伦理问题，比如：哪个是真正的自己？其实根本不会出现这样的问题，因为初始粒子的状态必然会改变。也就是说，它是一种破坏性的传输。

第三，量子隐形传态不是瞬间传输。经常有人以为，量子隐形传态可以超越光速，推翻相对论，但这是错的。原因在于，虽然量子纠缠的速度是无穷大的，但量子隐形传态中有个步骤是通过经典信道传输，爱丽丝要把自己测得的两个比特的信息（00、01、10 或 11）传给鲍勃，这一环节的最高速度就是光速，因此整个量子隐形传态的最高速度就是光速。

我们来总结一下，量子隐形传态是以不高于光速的速度、破坏性地把一个体系的未知状态传输给另一个体系。如果现在你明白了科幻作品中的传送术不是纯粹的幻想，而是有科学原理支撑的，你的知识水平就超过了 99% 的人。

不过，我从几年的科普实践中感到，量子隐形传态是个很难科普的话题。因为用日常语言描述这样一个复杂的过程，无论再怎么努力，也还是很容易词不达意。最终的效果就是，只有本来就懂的人才能明白关于它的描述在说什么，本来不懂的人看了以后也还是不懂。我十分怀疑，这本书的读者也会产生这样的感觉。

对此我也很难开出什么好的药方，但就我自己的经验而言，我真正搞懂量子隐形传态是在看了它的精确描述之后，该类描述是用数学符号、专业概念一步步地呈现出它的步骤。这时我的感觉是，这个过程其实很清晰，很容易理解。尤其是能够明白，其中最大的妙处是，让第三个粒子的状态变成某种跟第一个粒子的初始状态有关的组合，而且这个组合总能找到某种方法让它变成第一个粒子的初始状态，这样就实现了传送。

在我的科普书《量子信息简话》中，就用一部分选读内容介绍了量子隐形传态的具体过程。如果您有兴趣对量子信息获得更多、更系统的了解，欢迎读我这本书。下面，我们就来介绍一下量子隐形传态的步骤，您可以看看是否对后面的阅读有很大帮助。

这里首先要引入一种数学符号，用它可以方便地表示量子状态。它叫作狄拉克符号，是由英国物理学家、1933年诺贝尔物理学奖获得者保罗·狄拉克（1902—1984年）提出的。狄拉克符号就是"|>"，你可以在里面填上任意的数字、字母甚至一句话，用来表示某种状态。例如，我们经常用 |0> 和 |1> 来表示一个粒子的两个基本状态。

量子隐形传态的基本框架是，它需要用到两个人爱丽丝和鲍勃以及三个粒子 A、B、C。爱丽丝拿着 A 粒子，它处于某个未知状态 $a|0> + b|1>$，其中 a 和 b 是两个未知的数，我们想把它传到远处去。为此我们引入另外两个粒子 B 和 C，它们处于纠缠态（$|00> + |11>$）/ $\sqrt{2}$，B 也在爱丽丝手里，而 C 在远处的鲍勃手里。然后我们用某些操作，让 A 和 B 纠缠起来。

然后爱丽丝对 A、B 这个两粒子体系做一次测量，总共有四种可能的结果：00、01、10 和 11。与此同时，C 粒子的状态就会相应地变成 a、b、$|0>$、$|1>$ 的某种组合：00 对应 $a|0> + b|1>$，01 对应 $a|1> + b|0>$，10 对应 $a|0> - b|1>$，11 对应 $a|1> - b|0>$。

最后，爱丽丝把自己的测量结果发给鲍勃，鲍勃根据这两个比特的信息对 C 做一个操作，就能让 C 变成 A 最初的状态 $a|0> + b|1>$，而 A 粒子这时已经变成了 $|0>$ 或 $|1>$，这就实现了量子隐形传态。而且最奇妙的是，从头到尾我们都不知道 a 和 b 等于多少，但能确信，C 最后的状态就是 A 最初的状态。

以上的流程，如果你不能完全看懂，这是正常的。但如果你能记住用到了三个粒子、对两个粒子做测量、根据测量结果把第三个粒子的状态变成第一个粒子的初始状态，你的知识水平就超过了 99.9% 的人，阅读这本书时的许多疑惑也会迎刃而解。

这本书还有一个有趣之处，是此后的发展。这本书英文版出版于 2010 年，当时潘建伟刚刚回国，在学术界初露头角，不过书里已经多次提到他的贡献。作者可能也没有想到，后来潘建伟研究组开创了很多量子隐形传态新的里程碑，例如多自由度的量子隐形传态（2015 年被英国物理学会评为当年最重要的物理学进展）、从地面到卫星的量子隐形传态（2017 年通过"墨子号"量子科学实验卫星实现）、跨越 1200 公里的量子隐形传态（2022 年以"墨子号"为中介，在德令哈与丽江两个地面站之间实现）。这本书结尾提到的发射量子卫星的设想，也是由中国卫星率先实现的，即"墨子号"。蔡林格研究组跟中国也有广泛的合作，蔡林格在诺贝尔奖颁奖演说中介绍了这些成果。量子科学在中国的蓬勃发展，对全世界科学家都是一大惊喜。

最后，我们需要说明，此书的主要内容是量子隐形传态，但它远远不限于此。它深入探讨了量子力学带来的许多哲学问题，正文的最后一部分"这一切意味着什么？"就是对此的总结。量子力学不仅给我们带来了许多实用的技术，如激光、半导体、发光二极管，它还对我们的世界观产生了很大的冲击。

目前最核心的结论就是，通过贝尔不等式实验可以确认，量子力学不满足"定域实在论"。所谓定域性，就是不能超光速传递信息。所谓实在性，就是一个物理量在测量之前就有确定的值。定域实在论，就是这两者加起来。乍看起来，这两者都是天经地义的。然而，假如世界真的满足定域实在论，它就会满足一个不等式，叫作贝尔不等式。这个不等式是否成立，是可以通过实验检验的。按照量子力学的预测，纠缠态就可以违背贝尔不等式，因此量子力学跟定域实在论构成了尖锐的冲突。

蔡林格等人用纠缠光子做的实验，正是确认了结果违背贝尔不等式，所以证明量子力学是正确的，定域实在论是错误的。这对我们的世界观，堪称一场革命。

然而这场革命的意义，我们还远没有完全理解。究竟是定域性不对？还是实在性不对？还是两者都不对？我们还远远不清楚。但科学最大的意义之一就是告诉我们，世界存在这样深邃的问题，它激励我们去探索。

序言

别有洞天的多瑙河河底

每到 1 月 1 日，维也纳爱乐乐团新年音乐会都会用乐声迎来新的一年。这一盛会在传统的维也纳音乐协会金色大厅举行，吸引着全世界数亿人。他们渴望欣赏施特劳斯家族及其同时代音乐巨匠们美妙绝伦的华尔兹、波尔卡等风格的乐曲以及一些序曲。随着演奏落幕，观众席上掌声四起。然而，他们所有人都在期待着返场节目。旋即，如他们所愿，几缕低沉的乐曲声自琴弦间升起，掌声再次雷动。随后，乐曲声停止，乐团指挥向现场及全世界听众致新年贺词。其间，乐曲声再次响起，乐团演奏小约翰·施特劳斯著名的圆舞曲《蓝色多瑙河》。此曲兼容并蓄地表达了人类的喜悦和忧伤，在存世的乐曲中凤毛麟角。它当年为维也纳皇家和宫廷舞厅的盛大舞会而创，至今历久而弥新。因此，人们常将此曲视为奥地利的"第二国歌"。

然而，现场听众和电视机前的观众却并不知道，在距离金色大厅不远的维也纳市区里，一项现代尖端科技实验正在进行之中。这项实验用科幻小说般的奇思妙想引发我们对宇宙苍生的遐想，挑战着人类的想象力。

最后，音乐会在最后一个返场曲目——有史以来最具活力、最欢快的乐曲之一老约翰·施特劳斯的《拉德茨基进行曲》的演奏声中结束。我们离开音乐厅，驱车驶向多瑙河。此时正值元旦假期，美丽动人的维也纳冬日里人流稀少。多瑙河分两条支流穿过维也纳城，两者中间形成一座长长的岛。我们从一座桥跨过其中一条支流，进入岛区。我们车上的GPS（全球定位系统）并没有显示这座桥，这座岛也不向公众开放，除非你有公务在身。

我们驶向了岛上隐身于几棵大树后面的一座大楼。这是维也纳污水系统泵站的所在地。一条巨大的污水管道穿过河底，连接河的两岸。这条污水管道用于将河东侧（维也纳人将这一侧的维也纳城贴心地称为"多瑙河对岸之地"）收集的全部污水输送至河另一侧的一座大型废水处理厂。有了这些，重视环保的维也纳人便不会担心污水被直接排入多瑙河。

我们进入大楼，乘电梯下行两层，来到了河下面。步行一小段路之后，我们遇到了两条分别通往河左右两岸的宽敞隧道。巨大的隧道里面，输送污水的管道和许多电缆平行穿过。隐约之间，我们发现，其中一条隧道的入口附近，别有一番风景。

我们在一个角落，看到一间玻璃墙小屋。走近一些，我们看到里面有激光灯，还有很多高科技设备，包括现代电子器件和计算机等。在那里，我们遇到了鲁珀特。他告诉我们，他是维也纳大学的一名学生，正在写博士论文。他希望尽快完成论文，以便获得博士学位。他论文的题目是"远距离量子隐形传态"。我们请鲁珀特简单解释一下眼前的情况。他告诉我们，这个实验的目的是将一个光粒子（光子）从河岸的多瑙河岛一侧远距离传送至岛对岸一侧。

看出我们不太理解，他又微笑着向我们解释说，隐形传态有点像科幻小说中的"光传送术"，但又不完全是。尽管我们没太听懂，但我们却越发听得入迷。他答应稍后会给我们一个更详细的解释。此刻，我们只想大致了解一些术语，熟悉一下有关当前研究的一般概念和身边的陌生环境。

我们了解到，这里的激光器主要是用来产生一种非常特殊的光的。光由被称为光子的粒子组成，而这种特殊的激光器能够产生相互"纠缠"的特殊光子对。这里的纠缠指的是两个光子彼此紧密联系，我们将在本书后文中做详细介绍。一组光子对，当其中一个光子被测量时，另一个光子的状态便同时受影响，不管二者相距多远。

"纠缠"这一概念由奥地利物理学家埃尔温·薛定谔在1935 年提出，其意在描述一种耐人寻味的状况。此前不久，阿尔伯特·爱因斯坦在与其年轻的同事鲍里斯·波多尔斯基及纳森·罗森共同发表的一篇论文中指出，量子力学中出现了一个意义重大的新情况。

为了让读者了解什么是纠缠，我们来思考一下相互作用的两个粒子。比方说，这两个粒子像两个台球一样相撞，然后便会各自分开。在经典物理学（也就是传统物理学）中，如果一个台球向右移动，另一个就向左移动。此外，如果我们知道"撞击球"的撞击速度以及它撞击"静止球"的方式，并且我们还知道"静止球"移动的速度和方向，我们便可以精确计算出"撞击球"的去向。这正是一个优秀的台球手所要考虑的，他手握球杆时，早已准确计算好了击球方式。

然而，量子"台球"却远非如此。在互相撞击之后，它们同样会远离彼此，但却有趣和奇怪得多。每个"台球"既没有确定的速度，也没有明确的移动方向。实际上，在撞击之后，它们仅仅是远离了彼此。

问题的关键在于：每当我们开始观察其中一个量子"台球"，它便会瞬间以一定的速度和移动方向远离碰撞点。与此同时，另一个量子"台球"也具有了相应的速度和方向。并且，不管两个球相距多远，这一现象都会发生。

因此，两个量子"台球"之间处于纠缠态。当然，这一现象尚没有被发现存在于现实中的台球世界，但对于基本粒子世界，却是常态。两个相撞的粒子仍在远程亲密呼应。如果对其中一个粒子进行"观察"，那么另一个粒子会瞬间受到影响，不管它距离被观察粒子有多远。

对此奇特现象，爱因斯坦并不以为然，称其为"鬼魅般的超距作用"。他希望物理学家们能够找到一种消除这一鬼魅现象的方法。与爱因斯坦不同，薛定谔接受了这一全新现象的存在，并赋之以"纠缠"这一新词。纠缠是存在于量子世界的特别现象，它试图迫使我们抛弃难以释怀的现实世界观。

我们不禁向鲁珀特问起了量子纠缠实验的目的。他笑着回答说："天机不可泄露。"对于一对光子，鲁珀特将其中一个光子放在了河下面他的小实验室里，而将另一个沿着一条光纤发送到河对岸的一个接收器那里。

交谈中，鲁珀特不断提到"爱丽丝"和"鲍勃"这两个人名。爱丽丝和鲍勃相互之间发送光子，并且互相交谈，就像两个人一样。可以假想，他们是实验者，爱丽丝坐在实验室里，鲍勃则隔河相望。

我们问鲁珀特，他为什么将实验者命名为爱丽丝和鲍勃。他说这不是他的发明，这两个名字来自密码学领域。在密码学领域，必须确保两个人之间的信息不被未经授权的第三方读取或听取。我们立刻联想到了扣人心弦的谍战大片。然而鲁珀特却平静地解释说，密码学如今已被广泛应用，即使你登录网站，输入诸如银行卡号等信息，这些信息通常也会被加密，因此外人不可能读取到它们。他继续说："起初，人们称信息发送者为 A，接收者为 B。后来，有人觉得称呼 A、B 为'爱丽丝'和'鲍勃'更朗朗上口。"

然后，鲁珀特让我们看了看鲍勃的光子进入的那条纤细的光纤，它看上去与目前广为使用的远程通信光纤并无二致。

我们的目光随着鲁珀特的激光，顺着光缆穿过小实验室的玻璃墙，向上进入其与其他光缆的交会处，然后穿行入多瑙河下的大型隧道。鲁珀特盯着我们的目光所向，问道："想看看它去了哪里吗？"我们殷切地点了点头。就这样，我们开始了维也纳的地下之旅。

首先，我们进入了一段直径约 4 米的向下铺设的陡峭管道。我们下面还有两条直径约 1 米的污水管道。这两条管道密封良好，因此，除了闻出空气中弥漫着一点奇怪的味道，我们并没有感到其他不适。尽管空间不是很宽敞，我们倒也能抬头、挺胸地行进。我们的左右两边是电缆桥架，那条纤细的光纤就穿行在上面。有人感慨道："这简直像极了电影《第三人》。"这部电影是有史以来最伟大的电影之一，描写的就是二战之后发生在维也纳的故事。电影中一些脍炙人口的追击场景，就发生在这座城市的地下污水系统。我们不禁觉得马上就要与奥逊·威尔斯在地下某个角落不期而遇，耳边也似乎响起了安东·卡拉斯那首用齐特琴演奏的主题曲《哈利·莱姆》。

又走了一会儿，我们到达了地下之旅的最深处。鲁珀特告诉我们，我们的正上方就是多瑙河。我们不禁假想，此刻如若河底崩裂，河水汹涌下泻，我们走投无路，那该是怎样一幅景象。幸运的是，一切安好。我们继续小步疾行。慢慢地，道路开始向上延伸。又过了一会儿，我们走进一间小屋子。向外展望，我们发现，我们不仅已从地下穿过了河底，而且还穿过了河附近的一个小公园、一条铁路和一条主干路。

在这间小屋子里，光纤脱出了它的塑料外壳，伸进一套与岛上设备类似但又规模小很多的设备里。同样，这里设有一台计算机，还有一些诸如反射镜、棱镜之类的光学器材以及许多电子设备。鲁珀特解释说，要在这里对被传送的光子进行测量，特别是要证实其性质和特点是否发生了变化。在通向一张小桌子的几条电缆中，我们看到有一条向上延伸，直至我们所在大楼的顶部。鲁珀特自豪地告诉我们，这便是连接爱丽丝和鲍勃的"经典"信道。这条信道构成了两个实验者的标准无线电连接。此刻，我们有点摸不着头脑。这一经典信道有什么用处？鲁珀特口中的纠缠光子到底是什么？隐形传态又是什么？

为了弄懂这些疑问，我们爬上了房顶，顿时眼前一片开阔。河对岸就是爱丽丝所在的大楼，两座大楼之间河流湍急。河面上，船只来来往往，不疾不徐，几只鸭子和天鹅正悠闲地戏水。回首河岸这边，我们看到，紧挨着我们所在的大楼，有一座维也纳佛教团体建的小型佛塔。顷刻间，我们的脑海里弥漫起了无尽的哲学疑问：这一切都是为了什么？我身在宇宙，应有何为？我在看世界，世界是否也在盯着我？让人欲罢不能的量子物理学，与这万物苍生究竟又有何渊源？

放眼西望，阿尔卑斯山脉最东端丘陵地区的维也纳森林尽收眼底；转眼向东，则是匈牙利大平原的边缘。此刻，一幕幕的历史场景令我们思绪万千。历史上，来自东方的土耳其人两次试图征服维也纳未果。难以想象，维也纳一旦被征服，历史将会如何被改写。同时，我们也在想，我们所要探索的那些事关生死存亡的深刻问题会如何依赖于我们的佛教、伊斯兰教和基督教文化。渐渐地，寒意隐隐袭来，我们又把思绪缓缓拉回到在维也纳的现实生活。

1

太空旅行

　　每次想到隐形传态一词，我们一般都会认为它是一种理想的旅行方式。我们会从此时此地消失，然后瞬间出现在目的地。令人感到意味深长的是，这可能是最快的一种旅行方式。然而，需要提醒读者的是：目前来看，作为一种旅行方式的隐形传态，与其说是科学，倒不如说是玄幻。

　　到目前为止，人类的宇宙之旅只到达过月球。在浩瀚的宇宙中，月球就像是地球的后花园，两者的距离微不足道。在太阳系中，作为距离地球较近的行星——金星与火星，它们与地球的距离比月球与地球的距离都要远得多，而其他几大行星相距地球则更为遥远。

　　到达其他星体需要多长时间，是我们着重关心的事情。众所周知，在人类首次登月的阿波罗计划中，从地球到月球的旅程用了大约 4 天时间。而乘坐宇宙飞船从地球到达火星则约需 260 天，显然这会使我们的太空旅行者备感无聊，因此他们倒可以利用旅途中的时间开展有关量子隐形传态的实验。

想要继续探索宇宙深空，我们可以利用其他行星甚至地球自身的加速力。此前已有几艘探索外行星的无人飞船做到了这一点。其基本原理很简单，就是让飞船近距离路过一颗行星，通过一种弹弓效应，使其加速进入一个新轨道，从而继续航行到更远的地方。比如，通过此种方式，先驱者 10 号探测器用了大约 11 年的时间，穿越了太阳系的最外层，并极有可能将这一无休止的星际航行持续进行下去。因此我们可以预计，按照目前的速度，大约十万年之后，先驱者 10 号将抵达除太阳之外距离我们最近的恒星——比邻星。

也许，要做远距离航行，我们还可以另辟蹊径。我们真正希望的是，不管距离多远，我们都能瞬间到达。然而，这是否至少在理论上可行呢？因此，隐形传态一词便出现在了科幻小说家的笔下。你在一处消失，然后瞬间出现在了另一处。

2

光是什么

关于隐形传态的第一次实验是用光来做的。然而，光到底是什么呢？对此问题，人类痴迷已久。想必在文字出现以前，人类便已开始思索，我们是如何通过光来感知到近处和远处物体的存在的。光自光源——比如太阳甚或是一根小小的蜡烛——发出，进入我们的眼睛，我们便辨认出了物体。对此，物理学家有两种基本的观点。一种观点认为，光与物质一样，由一个个粒子构成。另一种观点则认为，光是以波的形式存在的。这两种观点分别被称作光的粒子说和光的波动说。

对于光的粒子说，我们可以简单理解为光就像子弹或弹珠那样传播。对于光的波动说，我们则可简单将光类比为池塘水面上的水波。这两种简单说法，分别表达了粒子说和波动说的本质特性。

对于弹珠而言，它时刻都有固定位置，在有限的空间内移动。同样，光粒子沿某种轨迹，从光源出发，到达我们见到的物体和我们的眼睛。并且，像发射连续不断的弹珠或子弹一样，光源——比如太阳——向我们发射出不计其数的微小的光粒子。这些粒子会撞击到马路对面的大树，其中一部分被树木反射并散射开，这里面又有少数最终被收入我们的眼睛。

相对于弹珠，池塘水面的水波却非囿于一隅。如果将一颗石子投入平静的池塘，我们最终会看到水波遍及整个池塘（见图1）。另外，水波并不以片状或块状的固定形式存在，而是可以扩散到池塘任何范围。比如说，一只虫子在平静的池塘表面滑走，会引发水面泛起涟漪；几块巨石翻滚入池塘，则会激起腾飞的巨浪。因此，水波可小亦可大。

图1　波的本质。将一颗石子扔进平静的池塘中，水波便从入水点开始蔓延。

那么关键问题来了，光到底是什么？波动说和粒子说，哪一个能够解释光呢？光到底具备前面我们所描绘的哪些特征呢？

物理学的历史，在很大程度上就是人类对光的本质的探索史。很久以前，人们便开始探索光到底是粒子还是波。艾萨克·牛顿与罗伯特·胡克所分别主张的微粒说①与波动说，都吸引了大批拥趸，在18世纪早期，两方争得不可开交。当时，微粒说胜出。许多人都认为，牛顿当时在学术界的权威性使得胜负的天平产生了倾斜。

波动说

1802年，医学博士托马斯·杨进行了一项实验，使我们认清了光的本质。这项实验是科学史上最伟大的实验之一，其设计却极为简单。

托马斯·杨让光线通过两个狭缝，然后他便在狭缝后面观察到了明暗相间的条纹（见图2顶图）。今天我们将这些条纹称为"干涉条纹"。

如果我们将其中一条狭缝遮住会怎样呢？结果是我们看不到任何条纹，而只会看到一片亮光（见图2中图）。如果遮住另一条狭缝，我们同样会看到一片位置略微移动的类似的亮光（见图2底图）。两片亮光有大片的重合区域。

按照微粒说的观点，当两条狭缝都开放时，观测屏上的光

---

① 微粒说后因20世纪初光粒子的提出又称"粒子说"。——编者注

应该是两条狭缝各自开放时观测屏上光的总和。然而，实际上这一假想却是错误的。在重叠的区域，杨观察到了明暗相间的条纹——干涉条纹。也就是说，当两条狭缝都开放时，产生了没有光到达的暗条纹区域。而只开放其中一条狭缝时，这片区域中又有了光。对亮条纹区域进行仔细的测量发现，其光强度超过了两条狭缝各自开放时光强度的和。这该如何解释呢？

图2　优化版的托马斯·杨双缝干涉实验。激光器发出的光通过隔板上两个狭缝开口，最终投射到了观测屏上。当两条狭缝都开放时（顶图），我们会看到一系列明暗相间的"干涉条纹"。如果仅有其中一条狭缝开放（中图和底图），我们会观测到一片没有条纹的受照面。显然，在顶图中，其条纹式样并不是中图和底图受照面的叠加。在暗条纹区，来自两条狭缝的光相互抵消，在亮条纹区，则互相加强。暗区光的消失和亮区光的加强证实了光的波动性。

这一波形图很好地解释了"干涉条纹"。我们假设图中光波自左向右传播，自隔板一侧穿过两条狭缝之后，在隔板另一侧形成了新的两束光波，到达观测屏。观测屏的中线到两条狭缝的路径长度相等。在这种情况下，两束光波的振荡在观测屏的中线处产生同步，并互相加强，便形成了亮条纹。如果我们将图中的观测点向左或向右移动，两条路径则会一条变长，一条变短。此刻，从这两条狭缝到观测屏上任意给定点的两条路径长度便不再相等。

因此，随着新观测点位置的变化，这两束光波的同步性也在变化，它们变得越来越不同步。在某一时刻，两束光波会完全不同步。此时，一束光波到达波峰，另一束光波到达波谷，两波相互抵消。我们可以想象相同情况的两个水波，其中一个的波峰与另一个的波谷相遇，则二者相互抵消。

将观测点继续移动，两个路径的长度差便会越来越大，直到恰好达到一个波长。此刻，波峰再次相遇，两束光波相互加强，便会出现亮条纹。

如果我们再次移动观测点，这种情况就会重复。两束光波的波峰和波谷交会抵消的无光暗区和相互加强形成的亮光区会再次出现，从而形成了我们所看到的干涉条纹。

托马斯·杨的这一实验使得物理学家们确信：光是一种波，而不是粒子。

粒子说

后来，1905 年，来自瑞士伯尔尼专利局的一位名不见经传的职员发表了颠覆物理学本质的一系列论文。在其中一篇论文中，当时年仅 26 岁的阿尔伯特·爱因斯坦提出了他的相对论。然而，这只是我们目前所关注的发表于那一年的第一篇论文。爱因斯坦在写给其好友康拉德·哈比希特的一封信中，称这篇论文是"革命性的"。在这篇论文中，爱因斯坦提出，光是由粒子构成的，这一发现令人猝不及防。

1926 年，美国化学家吉尔伯特·牛顿·路易斯将这些光粒子（亦称光量子）命名为光子。在爱因斯坦时代，光的波动性理论已经有了大量依据，双缝干涉实验只是其中之一。而当时仅作为瑞士伯尔尼专利局一名年轻职员的爱因斯坦，是如何胆敢提出相反的观点，提出"光是由粒子构成的"想法的呢？要确切解答这一问题，我们需要了解一下物理学家们对有序和无序的描述。

3

牧羊犬与爱因斯坦的光粒子说

每年，世界各地都会举办许多牧羊犬比赛，以发现最好的牧羊犬。其间参赛犬要完成的一项任务，是将一群羊归集在一起，并把它们转移到一个特定的地方，比方说一块田地的某个角落。在物理学家看来，牧羊犬要做的是增强系统的秩序性。一开始，这群羊可能会四散分布在田地里，特别是当其觉得安全，且四周没有敌人的时候。牧羊犬内在的某种基因能告诉它们如何将羊归集在一起。比赛中，谁能在最短时间内把羊归集起来，并将其有序地转移至主人指定的地方，谁就将获胜。

实际上，上述情况类似于清理秩序混乱的东西，比如堆满桌子的书、纸和小册子。使用一段时间之后，大多数人的桌子上看起来会凌乱不堪：这里摆一张纸，那里横着一份报纸，报纸上放着一个咖啡杯，另一个桌角上还有另一张纸，等等。

正如牧羊犬要将所有的羊都赶到田里的一个角落一样，要提高桌面的秩序性，一个简单的方法就是将桌面上的东西摆成三堆，一堆文件、一堆报纸和期刊，还有一堆书（见图3）。所有的东西一旦摆齐，桌面就会空出一些地方。然而，我们必须加倍注意保持，否则一段时间之后，这些东西又会凌乱地铺满桌子。因此，无论是在羊群还是在桌面的例子中，都体现出了一种自然的倾向，就是物体会在其所能及的空间内均匀地分散。同时我们也看到，把物体再次集中起来需要付出特别的努力。将物体聚集在一起相较于将其均匀分布是一种更有序的形式。

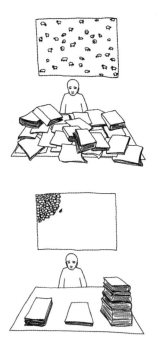

图3 从混乱（顶图）中创造出秩序（底图）总是需要付出一番努力的。在田野里羊群的例子中，如墙上的图片（底图）所示，是牧羊犬通过努力获得了秩序；在凌乱桌面的例子中，是人通过努力使桌面变得有序。遗憾的是，所有系统都具有逐渐失序的自然倾向。

有意思的是，容器中的气体也是如此。假设有一个容器，内部由一隔板将其一分为二，隔板上有一个可自由开关的阀门（见图4）。一开始，阀门处于关闭状态，所有气体粒子都在容器中隔板一侧，容器的另一侧为真空。然后，我们打开阀门。显然，气体将会均匀分散到整个容器内。由于气体变得稀薄，因此其密度降低。气体实际上是由原子和分子构成的。因此，这就像是两块田地，其中一块被羊群占据。如果我们打开通往另一块空地的门，那么不一会儿羊便会四散分布在两块田地里。当然，我们需要假设两块田地里食物数量相当，没有危险因素，也没有牧羊犬的堵截。

现在，我们来看相反的情况。如果一开始容器内的两个部分都充满了气体，那么容器内所有的气体是否会自发移动到一侧，将另一侧变成真空呢？很可能不会。为什么不会呢？理论上，这种情况并非不可能。如果仔细观察，我们会看到有气体从开口一侧进入另一侧，从左向右或是从右向左。出于极端巧合，所有气体可能会在某一时刻全部处于容器中的一侧。然而，这种情况发生的概率微乎其微。

类似地，在一个容器内，所有气体聚集一处，使容器内其他区域空出来的情况同样几乎不可能发生。不过理论上这种情况是存在的，因为容器内每个气体分子或原子都会沿其自身随机的轨迹运动，出于巧合，在某一时刻它们可能会同时运动至一处。在现实情况下，这几乎不可能发生。更普遍的情况是，即便我们将所有气体置于容器的一角，然后让它们放飞自我，

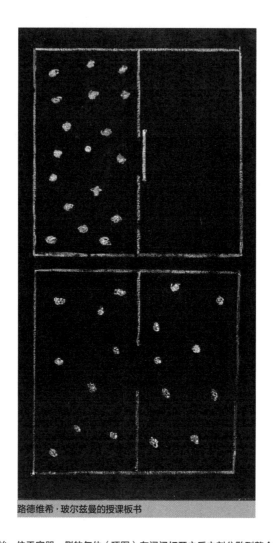

路德维希·玻尔兹曼的授课板书

图 4　一开始，位于容器一侧的气体（顶图）在阀门打开之后立刻分散到整个容器内（底图）。随后，这一状态会保持下去，尽管气体会在两侧气室间做往返运动。而相反的情况，即均匀分布于容器内的气体（底图）自发聚集到容器一侧（顶图）却从未发生。原因在于，从统计学上来讲，第二种情况的出现是高度不可能的。第二种情况意味着所有的气体恰好以同方向通过阀门。阿尔伯特·爱因斯坦观察到，光在空腔内的情况与此类似，因此他认为，光与气体一样，一定也是由粒子构成的。概率与有序性之间的关系是由奥地利物理学家路德维希·玻尔兹曼发现的。本图根据他的授课板书而做。

它们也会立刻均匀地充溢于容器的每一处空间。

因此我们得出这样一个结论：世界倾向于向无序发展。容器内所有气体居于一角是一种高度有序的状态，它们散布于容器的每一处空间则相对无序。同时，我们发现，无序发生的概率与有序性之间高度相关。系统越有序，无序发生的概率便越小。

物理学家们将此无序性称为"熵"。熵就是对系统无序程度的度量。更为准确地说，熵反映出一种给定状态可以有多少种实现方式。熵越大，系统便越无序，这种情况存在的概率也越高。气体充满容器的例子证明，气体体积增大，熵值会增加。从某种意义上说，将所有气体压缩至一个较小体积，类同于将其置于一角。

1905 年，年轻的阿尔伯特·爱因斯坦有了一项重大发现。他研究了一定体积气体的熵，并将其与相同体积光的熵进行了对比。爱因斯坦的发现来自巧合，他阅读了当时已问世五年以上的科学论文并对它们进行了对比。因此，实际上其他人本也可能有同样的发现。爱因斯坦发现，总体来讲，一定体积的辐射熵——熵是对无序程度的度量——确切地说是光的熵，与相同体积气体的熵的情况极为相似。爱因斯坦发现，德国物理学家威廉·维恩推导出的一定体积辐射熵的数学表达式与较早前奥地利物理学家路德维希·玻尔兹曼推导出的容器内气体熵的数学表达式相同。更为准确地说，如果可利用体积改变，这两个关于熵的数学表达式会以相同的方式发生变化。

通过这一对比，爱因斯坦做出了大胆的猜想。他发现，通过了解单个分子如何运动，以及所有单个分子只占据可利用空间一角是多么不可能，就可以很容易地理解一定量气体熵的数学表达式。在对光和气体的这两个数学表达式进行对比之后，爱因斯坦认为，光同样是由粒子构成的，它们像分子一样四处运动，在可利用空间足够大时，它们也不喜欢聚集在一处。

爱因斯坦非常谨慎。他在其一篇题为《关于光的产生和转化的一个启发性观点》的论文中说，他认为他的想法只是探索式的。其中的"启发性"一词，通常用于表达能够帮我们发现、猜测和感受某一问题的情形。这并不意味着我们一定能够证明自己的观点。也许爱因斯坦并不想过度冒犯波动说的拥趸。但是，爱因斯坦在其论文中的观点却简洁明了。在其 1905 年的论文中，他直截了当地把光粒子看作空间中运动的定域点，就像原子一样。

爱因斯坦并不满足于这一大胆的设想。他开始思索光的粒子说还可以推导出哪些有意义的结论。他认为，如果他的观点正确，那么当时物理学家们所不能理解的一种现象便可以得到解释。这一现象便是"光电效应"。

1888 年，德国物理学家威廉·霍尔瓦克斯发现了光电效应。他发现，当用光照射金属板时会发生有趣的现象。此时，光会使金属中的电子逸出，并且这些电子可以很容易地被作为电流检测出来。人们试图运用当时广为接受的光的波动性理论来解释这一现象，然而在解释实验者发现的事实时，这一理论遭遇了严重的问题。

其中一个难以解释的现象是，在光开始照射金属板的瞬间，电子便逃逸出来了。

为什么这一现象对于波动说来讲是一个问题呢？原因是：波以一种往复振荡的形式存在。对光来讲，波是一种电磁场振荡。当光撞击到金属板，它会迫使金属板内的电子开始振荡。一开始，这些电子会轻微振荡。随着吸收入更多的光，它们会加大振荡幅度，直到最后从金属表面脱离，成为自由电子。设想一下，一个人脚穿轮滑鞋在半圆形截面洞道里做来回振荡运动。通过双脚的助力，轮滑者为自身振荡运动注入越来越多的能量，直到他最终能够腾空至洞道之上。显然，积累足够的能量来实现这一点需要一定的时间。因此，在光电效应中，如果我们用强光束照射金属板，电子立刻开始逸出，这并不令人惊讶，因为在这种情况下，电子能够在极短时间内开始大幅振荡。但是，人们用极弱的光进行实验时，却发现电子也能立刻脱离金属板。按照波动说的理论，电子需要聚集足够的能量才能逸出。这仅是波动说遭遇的其中一个问题。

然而，如果光是由粒子构成的，这一问题便会迎刃而解。爱因斯坦说，光电效应简单来讲，就是单个光粒子（光子）恰好将某一电子撞击了出来（见图5）。这便解释了为什么我们一用光束照射，电子便瞬间逃逸出来；它同时还解释了为什么观测到的电子的数量与照射到金属表面的光量严格成正比。将光强加倍便意味着撞击到金属表面的光子数量加倍，同时还表明逃逸电子的数量也加倍。

基于此，爱因斯坦做出了另外一个大胆预测，体现出了物理学家一贯的价值之所在。对一个理论的最终检验，并不只在于其能够解释在实验室或自然界早已被观察到的现象。对于新理论，最令人信服的论据，在于其能够预判此前无人能算得出或观测到的东西。对于光电效应，爱因斯坦对照射到金属板的光的频率与电子逃逸能量之间的关系做出了预测。

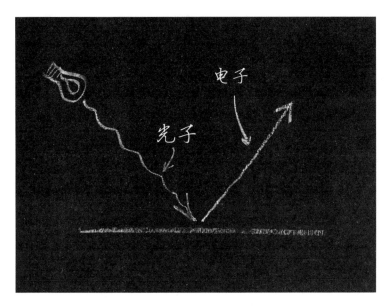

图5 光撞击到金属板表面能够激发出电子，随后电子脱离金属表面，这便是光电效应。爱因斯坦对此的解释是，光由许多被称作光子的粒子构成。

　　假设带有能量的光子撞击到金属板，它可能激发出电子，也可能没有激发出电子。如果光子激发出了电子，那么电子离开金属板之后的运动速度是多大呢？它的能量又是多大呢？这当中有多种情况。光子撞击电子之后，其能量可能未完全传递给电子，正如一颗台球撞击另一颗之后仍处于运动状态的情形。但是，光子撞击电子时将全部能量传递给电子是可能发生的。此时，电子的运动速度便会很快，但在离开金属表面之前，电子可能会在金属内部损失掉部分能量。然而，同样可能发生的是，当电子恰好在金属表面被光子撞击，那么在离开金属表面之前，电子便不会损失任何能量。即便如此，电子最终也不一定会脱离金属表面而飞入空中。所有物体的表面对电子都有吸引力，吸引力的大小取决于物体表面的材质，而电子总需要耗费一定的能量以克服这一吸引力。

综上，我们可以总结如下：如果足够巧合，光子撞击到电子，且更加巧合的是，电子在金属内部没有耗尽全部能量，那么电子逃逸出金属板之后的能量为光子的原始能量减去电子脱离金属板所需的能量。那么，问题便转化为，光子的原始能量是多大呢？对此，爱因斯坦采纳了马克斯·普朗克于1900年提出的能量量子化思想，即能量以量子的倍数成块出现，光子的能量 E 为其频率 v 与普朗克常量 h 的乘积，即 $E=hv$。最关键的是，如果爱因斯坦是正确的，那么电子逃逸出金属表面所需的最大能量一定与照射到金属表面光的频率成正比。1916年，美国物理学家罗伯特·安德鲁·密立根通过一个美妙绝伦的实验验证了爱因斯坦的这一设想。爱因斯坦对光电效应的贡献，使他获得了1921年诺贝尔物理学奖。

爱因斯坦与他的诺贝尔奖

　　说起来，爱因斯坦获得诺贝尔奖是一个一波三折的故事。一般情况下，一个人要获得诺贝尔奖，他必须首先获得提名。诺贝尔奖获得者每年由设有评审委员会的瑞典皇家科学院等机构选出。诺贝尔物理学奖也是如此，许多来自世界各地的物理学家受邀获得提名，然后由瑞典皇家科学院从他们当中遴选出一名获奖者，或不多于三名的联合获奖者。对于最终的决定，瑞典皇家科学院会邀请各个领域的知名专家，请他们针对被提名者提出自己的意见。在爱因斯坦时代，这个专业性的工作通常是由诺贝尔奖评审委员会的内部成员来完成的。

　　爱因斯坦在获奖前已被数次提名，首次获得提名是在爱因斯坦奇迹年（1905 年）五年之后的 1910 年。在备受世人瞩目的 1905 年，爱因斯坦发表了五篇科学论文，其中一篇提出了相对论。在另一篇论文中，物理学中最著名的方程之一 $E = mc^2$ 横空出世。第三篇论文是关于原子物理学的，在其中爱因斯坦精确预计了原子的大小。在那一年的第一篇论文中，爱因斯坦便提出了光量子的概念。

　　爱因斯坦收到的几乎所有诺奖提名都归因于他的相对论。问题在于，诺奖评审委员会中有两名成员不喜欢相对论，甚至认为相对论是错误的。爱因斯坦未能获奖，成为当时科学界的一桩怪事。后来，理论物理学家卡尔·威廉·奥森成为瑞典皇家科学院评审委员会成员。他弄清了爱因斯坦未能获奖的原因之后，情况便发生了变化。奥森建议为爱因斯坦颁奖，"因为他发现了光电效应定律"，亦即他提出了光量子说。最终，奥森说服了评审委员会，后者决定在 1922 年向爱因斯坦颁发未能如期颁发的 1921 年诺贝尔奖，理由是"他对理论物理学做出的贡献，特别是提出了光电效应定律"。耐人寻味的是，瑞典皇家科学院还颁布了一份言辞谨慎的声明。从这份声明中看得出，时至 1922 年仍有几名瑞典皇家科学院成员认为，相对论有被证伪的风险。

　　至今仍令世人不解的是，此后爱因斯坦为何一直没有因相对论而再获诺贝尔奖（爱因斯坦活到了 1955 年）。到目前为止，有些人两获诺贝尔奖，甚至有人两获诺贝尔物理学奖。不过，虽然爱因斯坦没有再获诺奖提名，但这也许是一件好事。今天，相对论获得了广泛的技术应用。如果没有爱因斯坦的相对论，人们便不会知道，卫星上用的精密原子钟所走的时间与把它放在地面上时所走的时间存在差异，人们也便无法使全球定位系统准确运行。

5

矛盾

　　我们已经知道，光可被解释为两种存在形式，或者是粒子，或者是波。同时，对于任何一种形式，物理学家都有切实的实验来证实。从托马斯·杨的实验中，我们得出结论，光是一种波。然而，光电效应似乎又证实了光的粒子性。对此二者，我们虽都无疑问，可我们又知道，粒子说和波动说是两个完全不同的理论，二者似乎存在冲突。我们该相信哪一个呢？

　　爱因斯坦意识到了这一矛盾。实际上，在其 1905 年发表的第一篇论文中，他就已经提到了这一点。也许正是因为这一矛盾，爱因斯坦才称这篇论文为"革命性的"。为了证实光的粒子说，他不得不对所有证实光波动说的实验置若罔闻。一百多年以后的今天，我们也许能够更好地回答这一问题。光到底是粒子还是波？能否通过某种方式，比如说用光的粒子性来解释托马斯·杨的实验呢？

　　爱因斯坦清楚，波动说的核心要点——杨的双缝干涉实验中所表现出的干涉现象——与粒子说难以相容。我们再来回顾一下这一实验（见图 2）。当两条狭缝都打开时，我们会在观测屏上看到明暗相间的条纹。按照波动说理论，这些条纹很容易理解。当光波通过两条狭缝，会从每条狭缝分别引发一条新光波。这两条新光波各自向观测屏蔓延，在观测屏某些位置上，二者会发生同步振荡，即来回同时振荡，从而彼此加强，形成亮条纹。而在观测屏的其余位置上，两波的振荡方向完全相反，从而相互抵消。我们不禁要问：如果我们把此刻通过双缝的波换成粒子，又是否能够解释这一现象呢？问题在于，波能够覆盖一片区域，它能够通过两条狭缝，而粒子则必须确定取道哪条狭缝。

后来，直到 1925—1926 年，德国物理学家沃纳·海森伯与奥地利物理学家薛定谔发展完善了量子理论，人们对光的粒子性和波动性之间如何相辅相成才有了更加深入的认识。

6

确实存在的不确定性

1925 年，年仅 24 岁的沃纳·海森伯刚刚获得博士学位，并开始了其在德国格丁根大学（亦称"哥廷根大学"）的工作。多年来，哥廷根大学已发展成为世界的科学中心之一，数学和物理学中许多伟大的新思想都起源于此。显然，毕业于德国慕尼黑大学的年轻的海森伯为其所深深吸引。

海森伯决定开始研究当时物理学界最重要的悬而未决的问题——如何理解原子物理学及其与量子理论的关系。当时，这一问题长期折磨着物理学界的人们。1900 年，马克斯·普朗克提出了量子的概念，那仅仅是一种数学技巧。他需要用它来解释发光体在一定温度下的特定颜色，更为确切地说，就是发光体发出的颜色的特定分布。普朗克的这一疯狂之举遭到了许多物理学家的反对。

1905 年，爱因斯坦接受了这一思想并为其带来了生机。正如我们前文所说，他足够大胆，不仅将普朗克的观点视为一种数学技巧，而且提出光实际上是由许多单个光量子构成的。由此，他轻而易举便解释了光电效应的原理——电子被光从金属表面撞击出去。这在当时一度令世人大惑不解。

后来，1913 年，丹麦物理学家尼尔斯·玻尔运用量子理论构建出了他的原子模型。这一模型非常类似于行星围绕太阳公转。有了这么多的成就，人们还需要解决什么问题呢？

量子理论大获成功之后，显然能够解释许多现象。1925年，人们面临的问题是，没有一套能够将量子理论容纳进来的完整的数学理论。普朗克、爱因斯坦和玻尔的著述或多或少是在摆弄新概念及发现支撑新概念的现象，可真正的挑战在于，要找到这一切背后所遵循的基本数学方程。毋庸置疑，量子理论背后大有玄机。人们很清楚，这一玄机尚未被发现。一般来讲，科学家——尤其是物理学家——都有些自负。他们只有找到一种深刻的解释，才会心满意足。物理学中的解释总是意味着首先找到一个能够描述所观察到的现象的数学方程。不仅如此，找到这一方程之后，物理学家们还会继续深挖。他们会去寻找这一方程存在有效性的原因，即基本定律。

1925 年，物理学界所缺乏的正是对量子现象的数学描述。为此，人们付出了长时间的努力。年轻的海森伯决定找到这背后所需要的数学定律。然而，在哥廷根大学，他无法找到答案，因为那里有太多令他分心的事情。后来，海森伯患上了严重的花粉症。没有人会想到，对物理学来说，这却成了一桩幸事。

海森伯病得十分严重，因此他的导师马克斯·玻恩将他打发到北海的黑尔戈兰岛上修养几个星期。一直以来，黑尔戈兰岛都是花粉症患者理想的疗养胜地。

正是在养病期间，海森伯才有时间深入思考这一数学问题。据说，当时在黑尔戈兰岛上，海森伯时常来到树林里、海岸边，一边散步，一边思考。终于有一天，他豁然开朗。他发现了一种新的数学结构，这一发现为他提供了量子物理学的基本定律。这一伟大的发现使海森伯获得了 1932 年诺贝尔物理学奖。借此发现，1925 年，年仅 24 岁的海森伯便一步踏入了现代物理学大师之列。

量子物理学的基本定律提供了一种方法，通过这一方法，人们能够计算原子的真实动作，特别是还能够计算原子发光的种类以及原子核周围的电子如何运动等。然而，这也有一大弊端，就是要为此付出高昂的代价。

一个关键问题是，要观察一个粒子，我们必须以某种方式与其相互作用。比如，要发现一个电子的位置，我们必须用一束光照射一个电子。其实在讨论爱因斯坦对光电效应的解释时，我们便发现，这种相互作用的结果是使电子被撞击。电子被撞击之后，其运动速度发生了变化。因此，此时所确定的速度是错误的。但是且慢，我们觉得能够解释这一点。通过计算撞击的力度，我们是不是就能逆向计算出电子的初速度呢？事实证明，如果光是由许多单个粒子即光量子构成的话，这便是不可能的。当这些光量子撞击电子时，电子可能会随机地飞向任何方向。根据不同的方向，这一撞击力会产生不同的动量变化，也就是说，电子的速度会发生不可控的改变。

更为糟糕的是，如果想要精确找到电子的位置，我们便需要使用波长越来越短的光。事实证明，照射光的波长越短，撞击电子的动量便越大。也就是说，随着电子受到的不可控干扰加大，我们可以更精准地确定电子的位置。

此时，我们看出了一丝端倪。照射光的波长越短，我们便越能精准确定电子的位置。然而，这同时还意味着冲量越大，我们便越发不能精准确定电子的初始运动速度。

这正是海森伯的不确定性思想。海森伯对这一思想做了更为简洁的数学化表达：我们不可能以任意高的精度同时知道任何物体的位置和它的动量（物体速度与其质量的乘积）。如果我们非常确定物体的位置，也就是说，如果物体位置不确定性很小，那我们就很难确定此物体的运动速度，反之亦然。这种不确定性可能会非常大。从数学上讲，这可以用著名的海森伯不确定性原理来表达。

根据海森伯的不确定性原理，动量和位置是互补的。这种互补论由尼尔斯·玻尔提出，是量子物理学最伟大的原理之一。这一原理简而言之便是：我们无法完全精确地认知这个世界。鱼与熊掌，我们往往不能兼得。

7

量子不确定性：是我们无知，还是原本如此？

　　海森伯的不确定性原理对人们理解原子有直接的影响。原子由一个原子核和围绕它快速运动的电子组成。一个原子的直径大约是 10^{-10} 米，即一百亿分之一米。现在，让我们把注意力集中到这个原子内某处的一个单独的电子上。假如我们只知道，电子被限制在这 10^{-10} 米的范围内，这意味着我们不确定这个电子的位置，其位置不确定度约为 10^{-10} 米。

　　相对于已知电子速度的不确定性，电子位置的不确定性意味着什么呢？海森伯不确定性原理认为，动量不确定性和位置不确定性的乘积不可能小于普朗克发现的量子作用给定的某个数值。利用海森伯不确定性原理进行简单计算，我们便会知道，原子中电子的速度具有非常大的不确定性，其不确定度大约为每秒 1000 千米。这还仅仅是不确定性。这说明，我们对原子内部电子的速度了解甚少。

　　另外，我们知道，电子在原子内部不断地做着往复运动。

因此，它在几个循环中的平均速度为零，因为此时电子仍然位于原子内部。换句话说，如果我们在某一时刻观察某个原子，然后在很长一段时间后再次观察，我们会发现电子仍在原子内部，其往复运动的速度已平均化了。因此，如果电子平均速度为零，不确定度大约为每秒 1000 千米，那么这意味着电子的实际运动速度为每秒几千千米。这一点已由实验证实。

且慢，这样不等于我们把两件事混淆了吗？我们的观点是，我们不能同时确定位置和动量，因为对其中一个的测量会干扰到另一个。然而，电子仍然有可能在任一特定的时间处于一个特定的位置，即使我们对此可能无从知晓；并且，在通过该特定位置的那一刻，它会以一个确定的速度通过，比如 7350 千米 / 秒。因此，真实情况很可能是：宇宙中的每一个粒子在某个时间位于某个地方，并以某个确定的速度运动，但只是我们不知道具体细节。从这一视角来看，海森伯的不确定性原理会言简意赅地告诉我们，我们永远不可能确定一个电子的位置和速度。

下面举个搞笑的例子，让我们来大概想象一下这种不确定性对汽车意味着什么。假设海森伯的不确定性原理适用于汽车，并会对汽车产生重要影响，那么便可能会出现下面的对话（见图 6）。

图 6 "我决定拆下车速表。"

以量子为借口

警察（拦下一辆超速行驶的汽车）：先生，我刚才用雷达测速了，你刚才开到了每小时 64 千米，这简直太快了。你知道这里限速多少吗？

司机：知道，每小时 48 千米，与这个城市其他地方一样。

警察：既然知道，你又为什么要超速呢？你不知道你开得太快吗？

司机：不，我完全不知道我开得太快。

警察：你没看你的车速表吗？你应该留意它一下。

司机：我没必要盯着自己的车速表。

警察：为什么呢？遵守限速规定是你的义务。

司机：我做了决定，已把车速表拆下来了。

警察：你在开玩笑吗？这样做是违法的。你在破坏对你的驾驶安全至关重要的设备。我完全可以现在就把你的车请出这条路，直到你装上车速表。

司机：不，别这样，我有充分的理由拆下车速表。

警察：什么理由？也许你只是想两眼一闭，对法律置之不理吧？

司机：不是，我最近读了一本关于量子物理学的畅销书，这本书真的令人难以置信。

警察：对，那是自然。可这本书要你去拆下车速表了吗？

司机：它没有直接说，可有一个叫海森伯的家伙……

警察：哦，你是说搞出了不确定性原理的那个人？

司机：对！他告诉我们，不可能同时确定一辆汽车的位置和它的动量。换句话说，我不可能同时知道我的位置和我的车速。所以，既然知道我的位置很重要，我便决定拆下我的车速表。

警察：可拆下车速表就意味着你不知道你开得多快了。我刚刚发现，你的车仍在以一定的速度行驶。

司机：我知道，我们不能给物体赋予特性，除非它们被测量。并且，如果没有人为车辆测速，那倒也不错啊。

警察：可我就测了，并且发现你开到了每小时 64 千米。

司机：你说的对。你观察到我以每小时 64 千米的速度前进，可这并不意味着在你看到我之前我开得这么快。这仅仅意味着，我有可能被观察到开得这么快。

警察：别开玩笑了。你是在暗示我，我发现你超速行驶，错误在我吗？如果是这样，那你可就会被罚得很惨。赶紧交齐罚款就上路吧。

司机（低声自语）：警察就是警察。没道理还不承认，反而还要执法。（高声）好吧，警官，我交钱，可我仍不会考虑将车速表装回去。

警察：你有没有在车速表里输入数字？你发现海森伯不确定性原理对你的车有什么意义了吗？

司机：没有。可我知道，这一原理适用于世间万物。

警察：好吧，你现在就交超速罚款。至于拆掉车速表，如果你向我承诺，你能搞清楚海森伯不确定性原理对你的车有什么意义，那我便不再罚你。

那么海森伯不确定性原理对一辆汽车究竟意味着什么呢？假设你想知道一辆重约一吨的汽车的准确位置，比如精确到一毫米以内，那么此时汽车位置的不确定度便是一毫米。根据海森伯不确定性原理，此时该汽车的速度不确定度仅约为 10^{-34} 米 / 秒。因此，如果警察测出汽车速度为 64 千米 / 时，那么其误差小到了我们完全可以忽略不计的程度。海森伯认为，物体的质量越大，其速度的不确定度便越低。因此，对于质量大的汽车，其速度的不确定度是微乎其微的。但对于像电子这种质量很小的物体，其速度的不确定度便完全不可忽略。

现在，让我们再来探讨一下海森伯不确定性原理的真正含义。人们似乎很自然地认为，这一原理只是表现出了人类的无知。粒子在任何时候都有确切的位置和速度，只是我们不能同时测量这两个值，这难道有什么错吗？还有什么其他的解释吗？事实证明，我们刚才所讨论的观点，在量子力学被提出之前一直都是经典物理学的观点，直到今天它仍然是许多科学家的研究前提。爱因斯坦便是其中最为知名的一位拥护者，他坚持所谓的"现实主义"立场。从这个角度来看，海森伯的不确定性原理只是对测量所能确定的极限的一种表达。或者，用一些哲学家的话来说，不确定性本质上是一种认识性的。认识论是哲学的一部分，它研究我们可以知道什么，以及我们如何知道我们所知道的。

另外一种哲学立场认为，不确定性原理不仅陈述了我们所能知道的事物，而且陈述了事物的本质。从这个角度来看，海森伯的不确定性原理不仅说明了事物是什么，而且说明了它们所具备的特征。这一原理描绘的是所有存在的事物。哲学家认为，这种关于不确定性原理本质的立场是一种本体论的立场。根据这一立场，电子位置的不确定性最好地表明了电子的位置，电子动量的不确定性最好地表明了电子的速度。玻尔便支持这种本体论的立场。

那么，量子不确定性原理到底是属于认识论，还是属于本体论呢？

　　假设不确定性原理在限制了我们所能认知的事物的同时，又能描绘出事物的实际状况，那么这意味着什么呢？这就意味着，同一个电子永远不会同时具有确切的位置和确切的动量。它既不在特定的位置，也不以特定的速度运动。从某种意义上说，这一电子可能同时具有多个速度，同时处于多个位置。这怎么可能呢？我们该如何理解呢？一个电子能同时以多个速度运动吗？如果它同时以高速和低速运动，那么它不会因此被撕裂吗？

　　我们该如何解释这种不确定性，比如说动量的不确定性或电子速度的不确定性，才能够说明电子实际上可能同时具有一系列的速度呢？只要我们仍坚持认为电子是一个四处游离的点，这便没有任何意义。因此，我们便需要来看一下法国物理学家路易斯·德布罗意的观点。德布罗意提出了物质的波动性。根据这一观点，每个以某一速度运动的粒子都有一个与之相关的波，波的波长与粒子的速度相对应。速度越大，波长越短。如果我们能够接受这一说法，那么我们便能轻易地给电子同时施加几个速度了。我们所要做的就是给一个电子施加几个不同波长的波。然后，我们把所有这些不同波长的分波叠加在一起，便能够得到构成电子的波。同时，动量的不确定性或者速度的不确定性，仅仅意味着我们必须在一个波长范围内叠加波。这便构成了一个波包（见图 7）。如果我们以正确的方式在某个波段内叠加波，那么一个局域性的波包就会产生。这便意味着，除了在一个小区域，其他区域中可能已广泛扩散的单个波之间会相互抵消。这样，波包就会与粒子相呼应。那么，我们不禁要自问：粒子究竟是一个点还是处于延展状态呢？假设粒子是一个比波包小的点，我们的上述说明又代表了什么呢？

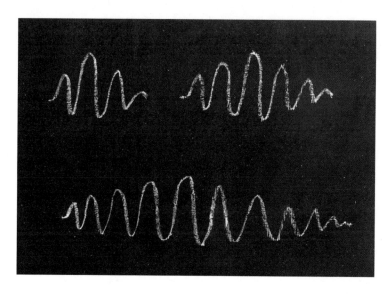

图7　通过将不同波长的单个波叠加在一起而形成的各类波包。短波包（顶图）意味着位置的不确定性很小，因为电子必然在波内的某处。波包是由一系列分波叠加而成的，短波包中分波波长的分布范围比较宽。这意味着动量的不确定性很大，也就是说，电子移动速度的不确定性很大。长波包（底图）意味着位置的不确定性很大，因为我们不知道电子在波内的位置。此时，粒子的动量或者速度能更容易被确定，因为在长波包中，分波波长的分布范围比较窄。

　　情况是这样的：波包不是像汽车或网球那样的物体。波包的唯一功能是，当我们对某粒子的位置进行测量时，我们能通过它计算出在某处发现该粒子的概率。在相当远处，实际上没有波包，我们不会发现粒子，在那里发现粒子的可能性可以忽略不计。而在波包的中心，我们最有可能发现它。波包理论告诉我们，我们无法确定在哪里能够发现粒子。实际上，我们可能在波包内任何一处发现它。当对特定粒子进行特定测量时，我们能够在波包内哪个确切位置发现它，完全是出于偶然。

由此，我们可以得出一个有趣的结论。原来，不同波长的波叠加越多，波包就越短。但是，波包的长短正好对应于我们对粒子位置的无知程度，因为粒子可能会在波包内的任何一处被找到。因此，波包越短，粒子位置便越容易确定。然而，每个波长对应一个特定的动量或速度。动量或速度，就不那么容易确定了，因为组成一个短波包需要更多不同波长的波。这就是不确定性原理在波动方面的含义。

实际上，我们可以通过实验证明波包的图像是正确的。人们通过把不同的波包放在一起发现，对于非常短的波包，即那些具有良好位置确定性或很小的位置不确定性的波包，他们必须把多个不同波长或动量的波组合在一起。另一方面，人们已经证明，如果我们选择一个很窄的动量带，波包就会很长，粒子位置不确定性就会变得很大。实际上，这同样适用于单个粒子。

这一点非常重要，需要一再强调。波包是我们用以与每一个单独的电子联系起来的东西。所以，电子既没有确切的动量或者速度，也不局限于一个明确界定的位置。波包意味着电子既没有特定的速度，也没有特定的位置。我们如果决定测量电子的位置，便会在波包内的某处发现电子。电子位置的不确定性突然变得小了很多。物理学家们认为，由于这一测量行为，电子变得定域化了。因此，这一实验并没有揭示出电子在被测量之前的位置。此前，波包只是简单反映了在哪里能够以一定的可能性或概率找到电子，仅此而已。同样地，波包由许多不同的波组成，每一个波都对应着某一速度。如果我们对粒子的速度进行测量，就会得到一个速度，即一个特定的波长。但同样，在此之前，电子的速度并非如此。在此最重要的一点是，海森伯的不确定性原理描述的是事物的本质，而不仅仅是我们能够了解这个世界什么。

8

反对隐形传态的量子判决

在科幻小说中，隐形传态的过程通常是这样的：首先，对目标物的初始状态进行精确扫描以确定其所有属性。扫描器能够确定初始目标内部有关所有原子、所有电子及其他粒子状态的大量信息。第二步，这些信息被发送到接收站，其初始状态最终通过某种物质被重建。这种物质可能是早已存在于接收站的某种材料，也可能是被发送到接收站的材料，尽管发送材料这一步骤冗长且没有必要。

重要的是，我们必须确定构成目标物的每个粒子的状态。然后，我们又必须将这些关于粒子状态的完整信息发送至接收站，从而使得初始状态得以重建。

等一下！此刻我们要如何进行测量呢？一般来讲，我们并不知道某个特定粒子比如说电子的状态。那我们又将如何测定它的状态呢？我们能够测得它的位置或动量以及其他信息。问题在于，仅通过一次测量，我们无法确定完整的状态。假如要测定一个电子的位置，那么我们实际上是要将电子固定在某一位置，这样我们便会同时改变这一电子的状态。测量之后，电子的状态较测量之前发生了变化。因此，一般来讲，任何测量都将改变状态，都只能给我们提供有关状态的部分信息。测量本身便会破坏测量之前存在的许多信息。

因此，我们无法通过测量来确定电子的未知状态。所以，我们便会得出一个非常重要的结论：不可能确定单个系统的未知状态。换句话说，原则上我们不可能获得我们希望传送的目标的全部特征信息。

由此，我们得出结论，科幻小说和电影中描绘的隐形传态过程永远不会出现。这是我们基于海森伯不确定性原理得出的结论。我们不可能确定一个想要被传送的太空旅行者或者我们想要传送的任何目标的状态。海森伯不确定性原理说明，我们无法获得任何单个系统的完整信息。所以，并不像我们的科幻小说作家想象的那样，通过扫描目标所有特征信息并将其发送到接收站便可实现隐形传态，这是不可能的。

除此之外，我们还了解了一些更为重要的东西。我们发现，有些东西远不止于隐形传态和科幻小说中所描绘的。我们永远无法完全认知这个世界。

下面，让我们暂且退一步，考虑一下科学事业本身。全世界目前有数百万名的科学家。他们在做什么？他们想掌握事实，想掌握一些关于宇宙的知识，想找出自然规律，想对事物进行测量，想要了解系统的个体属性——无论是电子或是大象，他们想要诠释这个世界。现代科学已经以一种特殊的方式做到了这一点。几个世纪以来,这条向深处、向细处挖的科学道路一直是通向成功的黄金之路。

通过深度挖掘物质的本质,人们发现了各种有趣和美妙的现象。他们发现,原子是构成物质的基本单位。后来,他们发现,原子自身又由电子、质子和中子构成。然后,他们又发现还存在更为基本的粒子——夸克。截至目前,这方面的研究仍在继续。其中一个例子,便是位于瑞士日内瓦的欧洲核子研究中心(CERN)进行的令世人瞩目的实验。

然而,量子力学突然之间告诉我们,完全了解世界的状态存在一个基本的极限。我们已经发现,我们对单个系统状态的认知是有限的,因此对世界特征的认识也是有限的。我们无法完全确定任一粒子的量子态。至少就目前来看,量子力学具有普适性,因此它适用于任何物体。出于现实的目的,我们对于日常生活中的物体,可以完全不必考虑海森伯不确定性原理。从前文中警察拦下超速驾驶的汽车这一小故事,我们已经看到了这一点。但总有一天,我们会证明,量子不确定性也与宏观物体相关。这是一个科技发展中待讨论的问题。目前,没有任何可见的迹象告诉我们,量子不确定性一定会停滞于某处。

显然,电影《星际迷航》的编剧在某一天了解到了海森伯不确定性原理所带来的诸多限制。这极有可能是他们在科学界的影迷告诉他们的。《星际迷航》的影迷都知道,这部电影的制片人是如何规避这一点的。他们发明了"海森伯补偿器"。

这一虚构的装置解决了海森伯不确定性原理所描述的问题。出于一些根本的原因，这样的装置是不可能实现的。因此，海森伯补偿器所使用的机制一定是难以名状的。有一次，《时代》杂志在采访《星际迷航》系列电影技术顾问迈克尔·奥田时问道："那么海森伯补偿器的工作原理是什么呢？"奥田回答说："它干得不错，谢谢。"

到目前为止，我们已经知道，量子力学终结了人们关于隐形传态的梦想。然而，当读者看到面前一部部关于量子隐形传态的书时，他们便会燃起希望。因此，我们一定有办法绕过这些限制。

9

量子纠缠力挽狂澜

解决方案有些令人不可思议，但总的来说并没有多少蹊跷之处。在医学领域，我们早就知道，至少从中世纪帕拉塞尔苏斯医生的时代开始，对于某些有害和不健康的东西，如果变换使用方式，实际上它们有时可以使使用者痊愈。同样，对于我们所面临的问题，这意味着"解铃还须系铃人"，量子力学自身才是真正的力挽狂澜者。

那么如何去解决呢？让我们来仔细看一下海森伯不确定性原理到底告诉了我们什么。它告诉我们，不可能通过测量来确定描述任意单个系统所需的所有信息。

然而，我们在传送中真的需要它们吗？为了传送系统，我们真的需要确定它的所有特征信息吗？为了回答这个问题，我们暂且退一步，问问自己真正想要在隐形传态中实现什么。对我们来说，确定一个系统携带的所有信息并不重要。准确地说，只要把所有的信息传送到接收站就足够了。由于不需要实际知道这些信息，因此也就没有必要对其进行测量，只需将其传送过去即可。这样的过程将不会受到海森伯不确定性原理的限制。

我们所需要的仅仅是一个信息渠道，通过这一渠道，信息能够从点 A 传送至点 B。因此，测量并非必不可少。实际上，测量也不应该成为必要条件。更为确切地说，对系统承载的信息进行测量，不可以成为全部过程中的一步，因为测量会带来海森伯不确定性原理所导致的限制。

然后我们来看一下，在不进行测量的情况下，信息从 A 传送至 B 是可能的。这便是问题解决的线索之所在。通过爱因斯坦所称的"鬼魅般的"量子纠缠，量子力学便产生了信息渠道。正是量子纠缠的存在，才使得量子隐形传态成为可能。

量子力学解决方案于 1993 年由六名理论物理学家通过国际合作提出，这六名物理学家是：IBM（国际商业机器公司）的查尔斯·贝内特，蒙特利尔大学的吉尔斯·布拉萨德、克劳德·克雷波以及理查德·乔萨，以色列理工学院的亚瑟·佩雷斯，以及美国威廉姆斯学院的威廉·K.伍特斯。实际上，这一国际合作有着深远的意义。虽然类似的合作早已存在，但随着互联网的出现，这种合作变得特别容易。过去，人们必须通过写信，然后等待一段时间才能获得答复。而今天，互联网使得天各一方的人们能够很容易地合作、交流思想、提出新的建议，并且他们一起写一篇科学论文比以前快得多。贝内特-布拉萨德-克雷波-乔萨-佩雷斯-伍特斯论文的题目是《通过双信道（经典以及爱因斯坦-波多尔斯基-罗森信道）远距离传送未知量子态》。

当时，物理学论文的标题中出现"远距离传送"这一字眼是非同寻常的，因为当时隐形传态被认为是科学幻想，根本站不住脚。但显然，对于这些人做出的引人入胜的理论发现，没有别的更好的叫法了。为了能够实现隐形传态，这篇论文的作者们建议使用"经典与量子双信道"一说。换句话说，我们需要一个用于通信的经典信道和一个用于隐形传态的量子信道。显然，量子信道能够解决问题。

首先，我们来讨论一下经典信道。无论何时信息从A（爱丽丝）发送至B（鲍勃），都需要一个连接二者的信道。电话线就是一条简易的经典信道，信息沿着这一信道自爱丽丝传送至鲍勃，亦可以自鲍勃传送至爱丽丝。在现代电话系统中，信息是数字化的，也就是或为1或为0的位序列。在发送端（爱丽丝），通话者讲出的话被转变成位序列流并发出，接收端（鲍勃）接收到位序列流后再次将其转变为声音。

我们讨论的一个重点是经典信道的一个明显特征。信息被输入信道的一端，从另一端输出。因此，信息必须从一开始就存在，并且必须被明确定义。否则，通信中就会有干扰。另外，由于信息是做点对点移动，因此我们实际上可以沿着电话线对信息实施追踪。这样的信道并不适合隐形传态，因为我们不可能提取或者确定系统包含的所有信息，然后通过经典信道将这些信息自爱丽丝发送至鲍勃。

而量子信道的情况则大相径庭。如前文所说，量子信道运用了量子力学中的一个奇特特性：纠缠。1935 年，爱因斯坦与他的两名年轻同事鲍里斯·波多尔斯基及纳森·罗森提出，通过量子力学，两个粒子或者两个系统可能会建立起紧密的联系。实际上，这一联系，或者说是纠缠，比任何经典系统或任何两个宏观物体之间的联系强烈得多。为了探索到底何为纠缠，让我们来看一个科幻小说片段。

纠缠的量子骰子

在遥远的将来，至少是 2100 年的某一天，你的一位朋友送给你一件生日礼物。这件礼物是礼品店最新的热卖产品，它是一台亮蓝色的小型仪器，仪器上标着它的名字——量子纠缠发生器。仪器顶部有一个按钮（见图 8）。说明书里介绍说，按动按钮，仪器中便会弹出一对骰子。

因此，你按下按钮，然后听到两个骰子分别落入两个杯子。你将两个杯子拿到一边。两个杯子上有盖子，因此你看不见里面的骰子。你的朋友告诉你，骰子之所以被盖子盖着，是为了让它们的量子态不被干扰。然后，朋友让你看杯子里面。你打开第一个杯子，看到骰子的顶面为 ⚃；你又打开第二个杯子，同样看到的是 ⚃。

"真巧啊！"你的朋友说，"两个骰子的点数恰好相同。"

然而，你并不为所动，因为你知道这一情况出现的概率并不低。你告诉朋友："你知道，扔一个骰子，点数为 3，

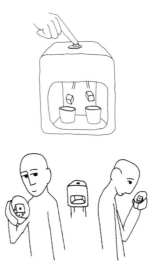

图8 科幻小说中的量子纠缠发生器能够产生纠缠骰子对（顶图）。在被观察之前，这些骰子不会显示点数。一旦某个骰子被观察，它便会选择呈现某个点数。此时，另一个在远端的骰子会瞬间呈现相同的点数。此刻，这两个骰子便处于量子力学纠缠态，爱因斯坦称这一现象为"鬼魅般的超距作用"。

然后扔另一个骰子，平均每扔 6 次，便会有一次的点数也是 3。也就是说，这种情况出现的概率为六分之一。"

"有道理，"朋友说，"把骰子再放回去吧。"

就这样，你把骰子放回了仪器，把杯子也放回原处，并再次按下了按钮。然后，你打开了第一个杯子，你看到的是⊡；你又看到，第二个骰子顶面也是⊡。你不禁倒吸了一口凉气。你继续重复上述过程，分别又得到了两个·和两个⊞。就这样，你重复了 20 次，结果两个骰子总是点数相同。你产生了怀疑，因此便不再按下按钮，开始琢磨：也许这个仪器每次都会以某种方式操纵骰子，从而使得骰子不是被随机掷出。于是，你拿起了上次机掷结果为两个⚁的骰子。你用手掷出第一个骰子，结果为⚁；然后你又用手掷出第二个，结果为⚀。就这样，你不断掷下去。结果，两个骰子每次都会按照通常的概率呈现点数。这说明，两个骰子不再被仪器所操纵。

你的朋友看着你乐此不疲地掷骰子，笑得嘴愈咧愈大。"明白了吧？这就是量子纠缠在作怪。这两个骰子，本身并没有什么蹊跷。你掷它们，它们会随机显示 6 种点数。可如果你把它们放回仪器，仪器便会操纵它们。每次仪器掷两个骰子，它们总会显示同样的点数。"

此时，你的孩子们也不禁兴致盎然起来。

"我们来看看，如果我打开厨房里的那只杯子会发生什么。"你的女儿跑开了，回来向你报告说她看到的骰子点数为⚂。然后，你打开了你的杯子，同样是⚂。孩子们满屋子跑了起来，甚至跑到了后院。不管他们跑多远，从哪里查看杯子，他们看到的骰子点数与你的骰子点数总是相同。

几个回合下来，孩子们跑累了，与你一道坐下来休息。你的朋友解释说："现在你们知道为什么阿尔伯特·爱因斯坦认为量子纠缠'鬼魅'不已了吧？他希望看到没有量子纠缠的物理学。如果他知道我们的量子计算机一直在运用纠缠原理，他一定会惊掉下巴的。"

诚然，这种量子纠缠骰子目前尚未面世。然而，成对的粒子，比如光子、电子、质子、原子甚至小原子云都能显示出这一奇异的纠缠特性。

当我们探讨粒子间的这种纠缠时，我们必须首先弄清楚是哪种性质发生了纠缠。事实证明，粒子的许多种性质都可以发生纠缠。对光子来说，最容易实现的是它们的偏振纠缠。关于偏振，我们将在后文中详细探讨。这里我们仅需要知道偏振是光振动的方式即可。当光子对发生偏振纠缠时，首先意味着在观测之前，两个光子中任何一个光子都没有以任何方式发生偏振，正如在观察之前，骰子并没有显示任何点数一样。然而，当你观察光子对的其中一个光子时，它会随机呈现一个特定的偏振，比如水平偏振或垂直偏振，这意味着电场会水平振动或垂直振动。然后，在一种形式的纠缠中，当另外一个光子被观察时，它一定会呈现完全相同的偏振。

因此，一般的规则是，对于两个相互纠缠的粒子，其中一个粒子的某种属性一定与另一个纠缠粒子的相应属性完全相关。这当中有多种可能的形式。比如，有一种形式是两个粒子的能量相互纠缠。举个例子，两个粒子的总能量恒定，但在被观察之前，任何一个粒子携带的能量都不确定。当我们测量其中一个粒子的能量时，这一粒子会随机显示出一个能量值，而另一个粒子则会显示一个相应的能量值，从而使得二者能量之和固定不变，不管它们相距多远。

原始隐形传态协议

在前文提到的关于隐形传态的论文中，六位物理学家提出可以将纠缠粒子对作为量子信道（见图9）。毋庸赘言，这一想法针对的仅仅是单个粒子的量子态传送，而不是指人的传送。此刻，我们再次请出爱丽丝和鲍勃这两位主角。爱丽丝有一个处于某一量子态的粒子，而其对这一状态一无所知。其希望鲍勃能够接收一个同样状态下的粒子。我们已经知道，无论是对

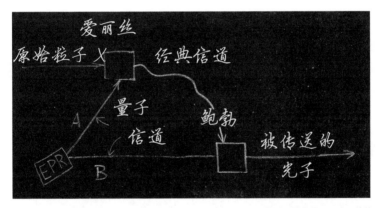

图9 量子隐形传态原理。爱丽丝将原始粒子X的量子态传送至鲍勃。她借助了两个通信信道——量子信道与经典信道，完成了这一动作。量子信道由一对辅助纠缠粒子A和B构成，它们在EPR（爱因斯坦－波多尔斯基－罗森）发射源中创建。爱丽丝这边是辅助纠缠粒子A，鲍勃那边是辅助纠缠粒子B。现在，爱丽丝对原始粒子X和辅助纠缠粒子A进行一次贝尔态测量。贝尔态测量是A与X相互纠缠的过程。通过这种纠缠，粒子X会失去其自身属性。这些属性被传送至鲍勃一侧的粒子B。有趣的是，在对A与X的纠缠贝尔态测量中，四种可能的结果会随机发生。相应地，鲍勃的粒子B会呈现出这四种状态中的一种。每一种状态都已经包含了关于粒子X的所有信息，但这些信息尚不能被鲍勃所破译。因此，爱丽丝必须向鲍勃发送信息，告知鲍勃她获得的是四个结果中的哪一个。这一过程通过经典信道实现。有了这一信息，鲍勃便能够修正粒子B，使其最终与原始粒子X具备相同的状态，从而结束量子隐形传态的整个过程。

爱丽丝的粒子进行测量，还是事先将情况告知鲍勃都无济于事，因为测量会改变粒子的原始状态。

现在，我们来详细解读一下量子隐形传态协议。一开始，读者可能会觉得这有些晦涩难懂，但后面大家会逐渐觉得轻松。在本书随后的几章中，我们将多次提及这一协议，并进行更多的相关探讨。原始隐形传态协议的作用机制如下：

1. 爱丽丝和鲍勃预计，他们可能会想在将来的某个时间传送一个粒子。因此，他们为自己生成了辅助纠缠粒子对。爱丽丝拥有的是辅助粒子对即双生粒子之 A 粒子，鲍勃这边则是双生粒子之 B 粒子。此刻，重点在于双生粒子 A 与 B 成对纠缠，这意味着，只要以同种方式测量，两个粒子便会呈现相同的结果——它们将会完全等同。

这两个粒子之间的纠缠式联系，正是爱因斯坦所不以为然的"鬼魅般的超距作用"。然而，无论两个粒子相隔多远，纠缠都会发生作用。这便是量子信道。

2. 下一步，爱丽丝接收到一个"新"粒子——原始粒子 X，并准备将其传送。此刻，她将 A 粒子从盒子中取出，开始了一项艰难的任务。爱丽丝使原始粒子 X 与双生粒子之 A 粒子相互纠缠。随后，我们再看一下这一纠缠过程的作用机制。让我们暂且认可这一纠缠可以发生。

爱丽丝的纠缠测量便是所谓的贝尔态测量（为了纪念爱尔兰物理学家约翰·贝尔，我们将此类纠缠态称作贝尔态）。那么，这种纠缠到底要做什么呢？实际上，它意味着，原始粒子

X失去了其固有的属性。纠缠的方式多种多样，我们此刻探讨的是最简单的一种，即粒子X与粒子A最终完全相同的情况。在相互纠缠之后，无论是原始粒子X还是爱丽丝的双生粒子之粒子A，其固有特性将全部消失。

使两个粒子发生纠缠，这一过程很难理解。因为对人类来说，几乎很难想象，几个没有自身特性的物体却又彼此间完全相同是怎么一回事。然而，这恰恰是纠缠的精髓之所在。彼此间发生纠缠的粒子都不再拥有各自的属性。在被测量之后，它们会变得完全相同。此时，它们呈现的特性已不同于被测量之前的特性。

3. 在爱丽丝实施纠缠动作时，鲍勃的双生粒子之粒子B情况如何呢？幸运的话，它会变成一个与爱丽丝原始粒子X完全等同的粒子！其中的原理可简述如下：一开始，爱丽丝的粒子A与鲍勃的粒子B处于纠缠态。这意味着一旦被观察，它们将会完全等同。而在被观察前，它们并不具备自身的特性。然后，通过爱丽丝的纠缠动作，其原始粒子X与双生粒子之粒子A便可能完全等同。由此，粒子B等同于粒子A，粒子A又等同于粒子X，我们便可以确定粒子B等同于粒子X。

因此，我们看到，整个过程中发生了两次纠缠。爱丽丝的原始粒子X与双生粒子A发生了纠缠，然后，爱丽丝的双生粒子A与鲍勃的双生粒子B又在一开始便以类似的形式发生纠缠。这便可以解释鲍勃的双生粒子B为何最终具备了原始粒子X的属性。原始粒子X的所有属性均已被传送至鲍勃处，随后鲍勃的双生粒子 B 又完全等同于爱丽丝的原始粒子 X。由此，鲍勃的双生粒子 B 便成了接收传送的粒子。并且，由于被纠缠，爱丽丝的原始粒子 X 便失去了其所有的自身特性。

此刻，我们需要拓展一下我们的思路。我们已经知道，爱丽丝对原始粒子 X 和双生粒子 A 实施了联合纠缠测量。通过这一贝尔态测量，二者便产生了相互纠缠。然而，我们还知道，在量子力学中，任何测量都会产生一些随机性，这是一种不可控的特性。当我们观察一个电子时，我们看到它的位置是随机的。那么，其中的随机因素是什么呢？实际上，两个粒子具体的纠缠方式是随机的。两个粒子相互纠缠的方式有很多。再回想一下那一对骰子的例子，它们相互纠缠可能的方式是两个骰子点数总相同，比如⚀ ⚀。然而，还有其他方式的纠缠。如有一种特别的方式是，二者所显示的点数之和总是 7。在这种情况下，对两个骰子进行观察，得到的结果可能是⚀ ⚅、⚁ ⚄或者是⚂ ⚃。因此，这两种纠缠方式是截然不同的。我们完全可以认为，我们未来的量子纠缠发生器——骰子纠缠器——有一个小开关，我们通过这一开关可以设定我们想要的纠缠方式。

在隐形传态的提议中，我们的六位同人选择了量子力学的双态系统。在给定的实验中，这一双态系统可能会出现两种状态。比如说，光子可能会有两种颜色，如红色或蓝色。在此情况下，通过量子力学，我们会发现存在四种不同形式的纠缠态。至于为什么会这样，在此不做深究。要对此形成一个大致的认知，可以说我们必须接受这一事实。

对于隐形传态实验，这意味着，爱丽丝的纠缠测量可能会使被传送粒子 X 和双生粒子 A 产生四种不同的纠缠态。此时，重要的是，鲍勃的双生粒子 B 最终所处的四种状态之一，是基于爱丽丝一侧关于粒子 X 和粒子 A 是哪一种特定的纠缠方式。巧合的是，每发生四次纠缠，鲍勃的粒子 B 便会有一次与原始粒子 X 完全相同。在其他三次中，基于爱丽丝取得的结果，鲍勃必须对其粒子 B 进行一些修正。这便是我们需要经典信道的原因。通过经典信道，爱丽丝告知鲍勃其获取的是四种方式中的哪一种，由此使得鲍勃能够对粒子 B 实施正确的修正，从而确保粒子 B 出现原始粒子 X 的特性。

爱丽丝的粒子 X 与粒子 A 之间的纠缠，并没有向她提供任何关于原始粒子 X 状态的信息。这一点非常重要。量子信道提供了将原始粒子 X 的属性传递给鲍勃的可能性。只有在对原始粒子 X 的特性不做任何测量或确定的情况下，这一点才能够实现，而这正体现了海森伯不确定性原理的要义。因此，这与海森伯的观点不谋而合。诚然，不管爱丽丝还是鲍勃，这一隐形传态过程完成之后，他们都不知道原始粒子 X 的状态，或者鲍勃的粒子 B 的状态。然而，这并无大碍，因为他们并不需要知道这一信息。

需要注意的是，对于贝尔态测量中出现的四种纠缠态，爱丽丝并不能决定具体出现哪一种。因此，在这四种纠缠态中，实际上每一种出现的概率均为 25%。在全部的贝尔态测量中，每种纠缠态出现次数占比为 25%。

对这一过程的测试方式，是将一种已知的状态发送至爱丽丝的仪器。这件事可由第三方完成，比如说维克托（见图 10 和图 11 ）。然后，由鲍勃对所得到的系统的状态进行检查，看其是否总会与维克托要求的状态相同。在没有事先通知的情况下，维克托可以选择不同状态下的粒子，然后告知鲍勃具体测量粒子的哪一个属性。通过这种方式，他们便可以证实：隐形传态的确获得了成功。

图 10　爱丽丝与鲍勃要进行一次隐形传态实验。为此，他们制作了一对相互纠缠的骰子（顶图右 ）。也就是说，两个骰子均不会显示任何点数。但如果他们观察骰子，骰子会在顶面显示相同的点数。起初，维克托的骰子显示⊡。然后，维克托将其传递给爱丽丝，并让她把骰子的状态传递给鲍勃（底图 ）。

图 11　随后，爱丽丝对其获取的两个骰子（一个为从维克托处拿来的骰子，另一个来自原始纠缠对）进行了一次贝尔态测量。由此，这两个骰子便进入纠缠态。通过这一过程，鲍勃的骰子便获取了确定的点数。实际上，在某些情况下，此点数会与维克托传送给爱丽丝的原始点数相同（顶图）。鲍勃将其骰子的点数告知维克托，从而向其证明隐形传态成功实现了（底图）。

　　在第一批实验中，人们采用了光子的偏振。截至目前，人们还采用其他属性进行了实验。不过，在深入探讨这些细节之前，我们应当进一步熟悉一下纠缠和偏振的概念。其中，纠缠的概念及其反人类直觉的特性尤其会令我们大费脑筋和周折。

　　唯有如此，我们才能从更细微处了解隐形传态的机制。在后文中，我们还将会返回到关于实验验证和概念性结果的探讨。

10

爱丽丝与鲍勃在量子实验室

两名大学生爱丽丝和鲍勃走到走廊的拐角，发现走廊似乎延伸了数千米，而后又陡然结束。爱丽丝不安地摆弄着她的一缕金发，而后又将手从纠缠的头发中抽出，毅然敲起了面前的门。随着门内一声友善的"请进！"传出，鲍勃推开门，随后两人一起走进了匡廷格教授的办公室。办公室里，书桌和茶几上杂乱地堆满了物理书、文章副本以及零星的实验设备。匡廷格教授坐在电脑前，抬眼看到两人，眉头紧锁的脸上露出了笑容。"爱丽丝，鲍勃，找我有事儿吗？周三的考试准备好了吗？"

"哦……是的，不过……"爱丽丝脸一红，支吾着说，"我们是想——嗯，我们大一的物理学 101 课很有意思，可其中很少有关于量子的内容。我们想多了解一些关于……"鲍勃抢过话说："除了阅读书目里面的书，还有什么量子物理学方面的东西我们可以看呢？您能推荐几本这方面的书吗？"匡廷格教授笑得咧开了嘴，说："我倒觉得有个好办法。你们觉得来一次真正的量子实验怎么样？来一次亲身体验，最能帮助你们理解量子物理学。"

爱丽丝和鲍勃相互看了一眼。"您是说，就像是在实验课上一样？"爱丽丝小声说。实验课有时简直令人崩溃——端坐在一台看上去让人眼花缭乱的机器面前试图去领会些什么，为了凑够一篇报告而记下各种数据，如此而已。他们在一脸迷茫中仓皇下课是常有的事儿。

教授似乎明白了什么。"不，这次是一次真正的科学实验，是一个最近才推出的毕业设计项目，是我的一个名叫约翰的毕业生设计的。他这阵子正在写博士论文，正好可以帮你们一下。他会做好全部的设备设置工作，并调试设备以确保其最精确运行。"

听到这里，爱丽丝与鲍勃眼前一亮，却又诚惶诚恐。仅靠物理学 101 课上学到的一星半点的知识，他们俩能应对这一挑战吗？鲍勃肩膀一挺，跃跃欲试。不管怎样，他们有些受宠若惊。想到要真刀真枪干上一场，爱丽丝兴奋不已。两个人异口同声地叫道："太棒了！"

匡廷格教授似乎看出两人决心有余而信心不足。他直了直身子，缓缓地说："科学都始于观察。我们想要发现大自然的真相并渴望了解其运行机制就需要知道是什么主宰着万事万物，维护其运行并阻止其分崩离析。但要做到这一点，我们必须首先弄清楚它们的运行方式。我们必须观察现象，观察它们如何发生和发展。所有的科学都是如此。"

"更为美妙的是，我们现在有了更多的机会去观察和了解非洲动物的真实生活，并且会明白并不是人们想象的所有非洲动物都实际存在，但我们仍会发现，世界丰富多彩，大自然实际上在很多方面都超过人类的想象。比如说，我们可以想象一下世界各地的数千种兰花，它们品种各异……"

听到这里，坐在椅子上的爱丽丝和鲍勃有些莫名其妙了。教授意识到了什么，连忙说："抱歉，我有些忘乎所以了。我只是想告诉你们，在业余时间，我喜欢探索大自然，喜欢收集世界各地奇异植物的标本。好吧，让我们回到我们的物理学主题吧。我希望你们能先研究现象，然后再写出你们所认可的原理。"

"可是，我们对量子物理学一窍不通啊。"鲍勃犹犹豫豫地说。

教授继续说："实际上我觉得，你们不太懂量子物理学恰恰是一种优势，因为你们可以独辟蹊径。这件事并没有多难。我会给你们机会，让你们通过一个简单易懂的实验弄懂其中的原理。这个实验需要用到三台设备。"说着，教授起身来到黑板前，画了几张示意图（见图12）。

"你们看这台设备，我们称其为发射源。它会通过特制电缆发射出某种物质，然后分别到达两台设备，这两台设备分别位于校园两端的两间实验室里。在实验室里，这种物质刚一到达，便会有探测器做好记录。那么这种物质到底是什么呢？我在这里先卖个关子。"

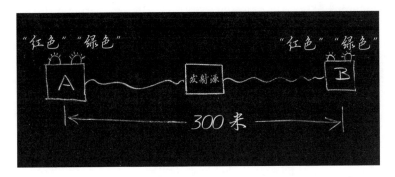

图12　大学生爱丽丝与鲍勃进行实验的简图。发射源将某种物质发送至爱丽丝实验室的测量站 A 和鲍勃实验室的测量站 B。两个实验室相距约 300 米。每套测量设备都有两盏灯，一盏为红色的，一盏为绿色的。哪盏灯会亮取决于每个盒子里的探测器的测量结果。

"可我们怎么才能知道这种物质到底是什么，它又到底是做什么的呢？"爱丽丝问道，"我们能不能打开发射源或者探测器，看看这个东西在做什么呢？"

"嗯，"教授回答说，"你们倒是可以看到发射源和探测器内部，但并不会看到太多，它们就是几台设备而已。这个游离不定的物质太小，我们根本看不到。"

"那就是说，我们的工作只能是徒劳的了？"鲍勃说。

"不是这样！"教授笑着说，"你可以做的有很多，你们会发现其中的奥秘。在每个探测站，你们都可以控制某些开关。当探测器进行信息登记时，你们便会看到它向你们传达的内容。爱丽丝，你可以在河这边控制探测器；鲍勃，你可以去控制镇子那边的探测器。约翰要做的，是确保每天早晨所有设备正常工作。你们只需要收集数据，并搞明白它们的具体内容即可。好吧，星期一早上你们再过来吧，届时约翰会带你们去实验室。"

星期一，爱丽丝与鲍勃来到了约翰的办公室。约翰告诉他们："我已经设置好了发射源，并且检查了两台探测器，它们一切正常。这些事情我都可以在我这里的计算机上完成。你们可能知道，我是在两年之前设计的整个实验。我要用它来完成我的博士论文，同时用它来验证远距离的量子非定域性。"

听约翰说到量子非定域性，爱丽丝与鲍勃眼前一亮。他俩早就听说过爱因斯坦所说的"鬼魅般的超距作用"。他们还听过一些光怪陆离的时髦术语，比如"爱因斯坦-波多尔斯基-罗森（EPR）佯谬"以及"贝尔不等式"等。他们还听几个高年级的同学说过，这些都是当代物理学中最值得探索的吸引人的课题。显然，匡廷格教授希望，他们能够真正实实在在地研究自己喜欢的课题。

"好吧，我们去看看设备吧！"约翰提议说。

爱丽丝说："据我所知，发射源好像就在这栋楼的地下室里。"

约翰笑了笑说："你们会有的看的！"三人来到了地下室，但只看见一个大黑盒子放在桌子上，几条电缆进出其中，旁边是一台计算机。

"里面有什么呢？"鲍勃问道。

"哦，"约翰说，"教授告诉我，关于这台设备，你们不必知道太多。你们需要做的是，弄清楚到底发生了什么。因此，我在发射源旁边放了一个黑盒子。我能告诉你们的是，里面有一台类似激光器的设备，它所产生的物质会进入两条光纤电缆。"说着，他指向了那两条光纤电缆。"这台计算机控制着整个实验过程，两条光纤电缆通过计算机连接到设备。爱丽丝，这条是接到你的实验室里的；鲍勃，这条接到你的实验室。"

"我们具体要在计算机上做什么呢？是进行调节吗？"爱丽丝问。

"不，这不关你们的事。我会确保一切正常运转。你们不必担心这个。"

"这可多没劲啊！"鲍勃说。

不过，慢慢地，两人逐渐有了兴致。"这个实验真不可思议！"爱丽丝说，"此刻我们看一切都是一头雾水。我们是否要知道那个盒子里究竟藏着什么呢？我们该如何是好呢？这工作可真不好干啊！"

"这才是真正与科学打交道，"约翰说，"一开始，我们两眼一抹黑，所以我们必须仔细观察，利用好眼前的设备，形成自己的判断，然后再搞清楚事情的真相。"

"可是，科学家起码能够确切知道自己在做什么呀！"鲍勃说。

"这倒不一定！"约翰回答说，"我们来想想那些天文学家吧。他们所拥有的，无非就是来自遥远星体的光或辐射；他们所能做的，也只不过就是在地球上摆弄几台设备。可我们都知道，就凭着这些，天文学家硬是发现了如此多令人叹为观止的宇宙奥秘。"

"啊，我懂了！"爱丽丝回答说，"我们也必须如此。就靠着这几台与我们休戚与共的设备，我们也得搞清楚其中的奥妙。"

"说的太对了！"约翰笑道，"就是得这么干。最初，教授和我说起这台设备时，我也是茫然无措。可现在好了，我觉得你们俩完全有机会把这些都搞清楚。好吧，现在我们去实验室吧。到了那里，我会告诉你们设备操作的方法。"

此刻，外面下起了小雨。爱丽丝开始有些担心这些设备会受到天气影响，因为教授告诉过他们，发射源会向两台探测器发送某种物质，也许这种物质会因为雨雪天气而难以到达呢？

约翰笑了笑说："发射源与两个探测器是通过地下光纤电缆连接的，因此传送过程完全是在非露天情况下完成的，不会受天气影响。唯一可能发生的是，温度的变化会对设备造成某些影响。实际上，我在我的论文里已经写到了这一点。因此你们不必担心天气带来的影响，我也从未见过这一影响发生。"

三人来到了爱丽丝的实验室。实验室里陈设简单，爱丽丝与鲍勃有些诧异。一张桌子上仅摆放着一台计算机，一些设备——几个镜头、几条光纤和几面镜子，几条电缆通过计算机连接到设备，仅此而已。约翰说："你们可以看到，有一条光纤电缆从墙那里延伸到这儿，连接着发射源。在另外一头，我们有一个类似的设计。你们再看，这台计算机是能上网的，因此它能够与控制发射源的计算机和鲍勃那边的计算机保持联络。能上网对我的设备来说是必需的，对你们的设备也同样重要，因为这三台计算机每隔几分钟就需要建立联系，以确保所有设备运行正常。"

"那如果设备工作异常怎么办呢？"爱丽丝问道。

"我们不必弄清楚这一点。我们只需要在设备不正常时维修一下，对吧？"鲍勃说。

"对，"约翰说，"你们不必担心会出什么差错。你们早晚要学会开发自己的实验，并在以后的研究中维修设备。实际上，一旦设备工作异常，计算机会自动进行微调并进行重置。有时候，的确会出现一些不对劲儿的地方，计算机无法纠正它们。此时，你们可能会看到计算机屏幕上出现一个提示。或者，你们自己会凭直觉判断出现了问题。这时，你们尽管给我打电话，我一般就在离你们不远的地方写论文。我保证我会解决掉出现的问题。鲍勃，你知道你的实验室在哪里吗？情况和这里的一样。这把钥匙给你。加油干吧！"说完，约翰便转身离开。

"就这些吗？"爱丽丝大声说，"我们现在该做点什么呢？教授告诉我们，我们可以观察一些结果，还有操作一下开关！"

约翰转过身，回答说："哦，我忘了教你们设备操作方法了。爱丽丝，你这里有一个开关，鲍勃那边的实验室也有一个类似的开关。这个开关有三个位置——正、零、负（+，0，−）。鲍勃的也一样。正、零和负只是我们对开关不同位置的描述。将开关置于某一个位置，我们便能确定探测器所观测的信息。三个位置分别对应射入物质的三种不同属性，你们同样不必在意它们具体是什么。你们再看这里，计算机屏幕会显示我们从三个位置中选择了哪一个。还有这两盏灯，一盏红灯，一盏绿灯。哪盏灯亮起来便表示可观察到的结果。"

爱丽丝问："那么，是否只有两种结果呢？"

约翰解释说："是的。对于正、零和负这三个位置，每个位置下，射入的物质都会在其中一个探测器被登记。不管探测器何时记录下输入粒子，它都会发出我们能听得见的电子脉冲。"说着，他打开了一个扬声器，实验室里随即听到了"嘀嗒……嘀嗒，嘀嗒……嘀嗒……嘀嗒"的声响。

"每一个'嘀嗒'声都代表一个粒子，"约翰说，"一个探测器连接到红灯，另一个连接到绿灯。设置两盏灯，实际上是为了让你们更容易看到结果。在这个实验里，探测器还同时连接到计算机。每响起一次嘀嗒声，计算机都会记下开关的具体位置以及两个探测器所记录的或红或绿的颜色。这些我们都可以在计算机屏幕上看得到。"

"嘀嗒声响起的确切时间由一台精密无比的原子钟测得。你们不用担心，也不必知道原子钟的工作原理。这台原子钟会一直运行，它也连接到计算机，告诉我们粒子在红色或绿色探测器中被记录的准确时间。那么现在，你们看到，开关设置在了零的位置，红灯和绿灯正随机地闪动。我希望你们真正弄懂这里发生的一切。好啦，后面就看你们自己的啦。鲍勃，你知道你的实验室在哪儿吗？"

"那当然！"鲍勃说完，便走出了爱丽丝的实验室。

爱丽丝与鲍勃的实验研究——初试牛刀

约翰离开之后，鲍勃迈步走向他的实验室。这边，爱丽丝便开始摆弄起了她的设备。然而，爱丽丝并没有多少好摆弄的设备，只不过包括有正、零及负三个位置的开关与记录单次事件的红灯和绿灯。当然，还有那台计算机，它能够记录何时发生了何事、灯以何种颜色呈现以及开关设定在了哪一个位置。

后来，爱丽丝发现，面对绿灯（代表绿色通道）和红灯（代表红色通道），她都能够很轻易地数出粒子在给定的开关设置下被记录的频率，并将其输入计算机，让其呈现在显示屏上。因此，她有机会将所有信息以整洁的格式打印出来。通过观察设备，爱丽丝注意到，红灯和绿灯的闪烁极为不规律，但平均起来，大约每秒钟会出现一次灯亮，要么是绿灯亮，要么是红灯亮。因此，她决定弄清楚，红灯和绿灯的亮灯频率是否相同或者二者之间有多少差异。她决定将设备进行一番设置，由此数出 200 秒之内绿色通道与红色通道中事件发生的次数。结果是，红色通道 105 次，绿色通道 98 次。

"挺有意思，"爱丽丝想，"红色通道次数多一些。也许两个探测器有些不太一样——相较于绿色，它们对红色更情有独钟。"因此，她决定再次测试 200 秒。这次，结果为红色 101 次，绿色 106 次。"这次反过来了，绿色比红色次数多了。"她想。随后，她又重复测试了几次，发现似乎并不存在所谓的颜色偏好。平均下来，在 200 秒时间里，红色探测器、绿色探测器都会记录大约 100 次。有时候红色多几次，有时候绿色多几次。看上去，整个测试结果并无奇特之处。

"哦，"她想，"也许只有在零位设置状态下，测试结果才是这样，我何不试一下负位和正位的情况呢。"于是，她再次设定了 200 秒的计数时间，并仔细观察红灯和绿灯亮起的规律。结果发现，它们的闪烁和此前一样没有规律。这种不规律通过计数得到了证实。在 200 秒的时间里，两盏灯都亮起了大约 100 次。并且，在正位和负位设置下，同样是有时候红灯亮起次数多，有时候绿灯亮起次数多。偶然情况下，二者也会恰好相等。

因此，爱丽丝失望地认为，整个实验完全是无聊透顶。两盏灯交相闪烁，频率为平均每秒钟闪烁一次。但很明显，这里面并没有任何规律。同时，无论将开关设置到哪一个位置，都不会影响到红绿灯闪烁的情况。也就是说，无论是将开关设置到正、零还是设置到负的位置，结果都不会有任何的区别。爱丽丝得出了结论，这个实验一定存在问题。看上去，似乎是计算机出了故障，从而导致开关的设置并不会引起任何变化。另外，两盏灯的闪烁似乎完全是随机的，没有任何值得推敲之处。不过，此刻她该去上课了，是物理学 102 课，不然她要迟到了。今天，匡廷格教授的讲座主题是光的偏振。

11

光的偏振：匡廷格教授的一次讲座

开始上课了。"大家都学过光的频率和波长，"匡廷格教授说，"频率和波长之间是直接相关的，它们决定了光的颜色。同时，光还有一个属性叫作偏振，下面我们开始通过实验来学习什么是偏振。我这里有一个光源，就是一盏简易的白炽灯。我这里还有两个偏振器，就是两个宝丽来偏光镜镜片，是一种特殊的塑料（见图 13）。"

学生们刚才还都在窃窃私语，听到教授要展示一个实验，便立刻安静了下来。

"当我们用眼睛透视偏振器时，"教授将其中一个偏振器放在眼前说，"我们会注意到，穿过它的光有所减少。也就是说，有一部分光被偏振器所吸收。当然，灰色的塑料片也会这样。下一步，我们把这两个偏振器一前一后放置，然后再观察透过的光。现在，透过的光的数量取决于二者之间的相对方向。如果第二个偏振器相对于第一个发生旋转，随着角度从零增加

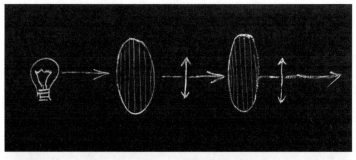

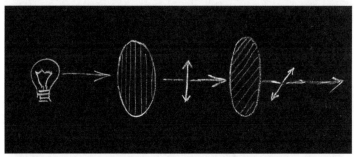

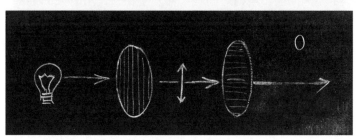

图 13　来自一盏灯的光透过偏振器。这种偏振器只允许垂直偏振光穿过。在偏振器后面，偏振光沿双箭头所示的方向来回振荡。如果第二个偏振器平行于第一个偏振器（顶图），所有通过第一个偏振器的光也会通过它。如果第二个偏振器的方向与第一个偏振器成直角，则没有任何光通过它（底图）。最后，如果第二个偏振器与第一个偏振器成其他任意一个角度，则会有部分光通过它（中图），但最终的光强会减弱。最重要的是，所有透过偏振器的光已经丢失了所有的有关其初始偏振的信息，并且，它的偏振情况总会取决于它所经过的最后一个偏振器的具体方向。

到 90 度，通过第一个偏振器再通过第二个偏振器的光的数量逐渐减少至零。实际上，这些偏振器有一些标记，能够表明它们的制作工艺。如果两个偏振器的标记重合，那么我们就可以说这两个偏振器相互平行。这时我们可以看到，通过第一个偏振器的光全部通过第二个偏振器。"

教授指了指屏幕，学生们在屏幕上看到了一个亮点。这个亮点是透过两个偏振器之后的光。随着教授旋转第二个偏振器的角度，这个亮点的亮度也发生了变化。

"原因很简单，因为光会发生偏振。我们之前学过，光可被看作振荡的电磁场。电场实际上是一个用来描述电荷如何移动的概念。一般来讲，如果有两个同种电荷，比方说两个正电荷或两个负电荷，它们会相互排斥。而异种电荷则相互吸引。相隔一定距离的两个电荷之间是如何发生相互作用的呢？实际情况是，一个电荷会处于另一个电荷所产生的电场之中。前者会沿着电场方向被拉进还是被推离，取决于这两个电荷是异种电荷还是同种电荷。

"为了简单起见，我们现在只对电场进行分析。在透过第一个偏振器之后，光的电场出现振荡。但此刻电场仅沿一个方向振荡。振荡的具体方向是由偏振器的方向决定的。

"实际上，从灯发出的光有各种偏振，但偏振器只允许沿一个方向振荡的电场通过。因此，如果第二个偏振器平行于第一个偏振器，那么此刻所有通过第一个偏振器的光都可以通过第二个偏振器。现在，如果我们将第二个偏振器旋转 90 度，那么通过第一个偏振器的光便无法通过它了，因为此刻光的振荡方式不匹配。

"这种偏振器的工作原理非常有趣。它是由方向平行的长链分子构成的。塑料中的电荷可以很容易地沿着这些分子链移动，但很难沿着与分子链成直角的方向移动。如果此刻光照射进来会发生什么呢？它会试图使电荷振荡，因为电场本身是来回振荡的。如果电场的振荡方向与分子链的方向平行，电荷就很容易发生移动。这一运动会使光损失大量能量，从而光完全被偏振器滤除。相反，如果电场与分子链成直角振荡，电荷便几乎无法移动。这一极其微弱的运动只能使光损失极少的能量，所以光几乎没有减少，便通过了偏振器。

"现在，如果我们将第二个偏振器放在相对于第一个偏振器的某个倾斜方向，便会有部分光通过。如果我们仔细测量一下便会发现，当第二个偏振器与第一个偏振器成 45 度角时，恰好会有一半的光能通过。45 度角位于 0 度角和 90 度角之间。然而，如果因此我们便天真地以为通过的能量与角度成正比，那可就错了。"

说到这里，教授提高了声音。"假如我们这一天真的想法是正确的，那么在 22.5 度角，也就是 45 度角一半的时候，会有四分之三强度的光通过。但事实证明，会有多达 92% 强度的光通过。在 30 度角时，才会有四分之三强度的光通过，而在 60 度角时，通过光的强度只有四分之一。人们发现，实际上，透过偏振器的光强度与这个角度余弦的平方成正比。这一现象被称为马吕斯定律，它以法国物理学家艾蒂安·路易·马吕斯的名字命名。马吕斯生于 1775 年，于 1812 年去世，是他发现了这一定律。"说完，教授在黑板上画了一条余弦曲线，开始讲解马吕斯定律（见图 14）。

"源自白炽灯的光是非偏振的，它混合了沿着所有可能方向的偏振。这便意味着，所有方向都可以是光的电场振荡的方向。

"如果此时我们单看其中任何一个方向，电场可以被表示为一个与偏振器轴线平行的分量以及一个与偏振器轴线垂直的分量。平行的分量被吸收，垂直的分量则通过偏振器。

"让我们以一个角度为例来看一下，比如说 45 度角的偏振光。"说着，教授在黑板上画了一幅图（见图 15）。"如果此刻光遇到一个与其偏振方向垂直的偏振器会怎样呢？此时，我们可以把电场分成两个分量，一个平行于偏振器轴，另一个与其成直角，即正交。平行分量通过偏振器，而正交分量被吸收。这样，在图中所示的情况下，正好有一半的能量通过。"

"至此，我们所讨论的偏振器，只有一种偏振光通过，另一种偏振光则被组成偏振器的材料所吸收。在某些实验中，我们希望两种偏振光都可通过。这一点可通过使用一种叫作偏振分束器（PBS）的仪器来完成。PBS 看起来像一个立方体，但它实际上是由黏在一起的两个楔形物组成的。这些楔形物不是普通的玻璃，它们是由一种特殊的晶体制成的，通过它的光的两种偏振的速度会有所不同。结果呢，我们来看一个图。"教

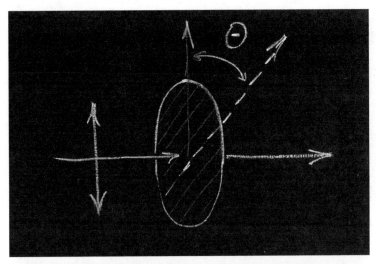

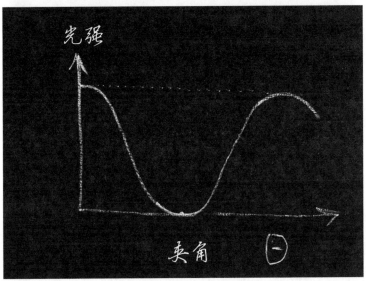

图 14　垂直偏振光遇到一个与其偏振方向成 θ 角的偏振器（顶图）。如果 θ 角为 0 度，那么所有的光都能通过。如果角度慢慢增大，穿过的光就会随之减少，直到 90 度时，便没有光通过；进一步增大角度，则光强再次增大。底图的曲线说明了这一点，它所表示的便是马吕斯定律。

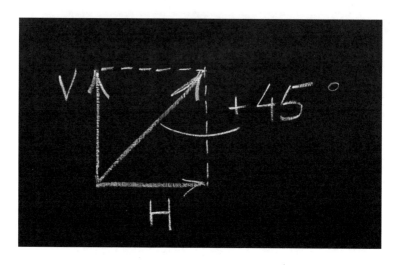

图 15　45 度偏振光可以分解为两个强度相同的分量，一个是水平（H）偏振光，另一个是垂直（V）偏振光。45 度偏振光是这两个分量的叠加。假设光现在遇到一个垂直方向的偏振器。此时，垂直分量通过，而水平分量则被偏振器吸收。

授又在黑板上画了一幅图（见图 16），说："一种偏振光穿过，而另一种则被折射到一边。这样，我们便可以以两束光的形式获得全部入射光的光强，此时两束光的偏振方向相互垂直。"

"到目前为止，我们所讨论的偏振都是电场定向来回振荡的情况。因此，我们称其为线偏振，即电场沿直线振荡，这使其成为一种特殊的偏振。那么，比方说，我们便可以有水平或垂直方向的偏振光，其振荡方向分别为水平方向和垂直方向。每一种偏振都可以被分解为水平偏振和垂直偏振，它们的相对分量取决于偏振方向如何。"

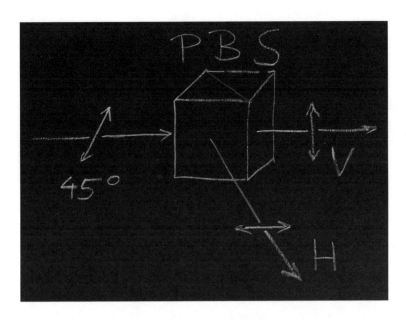

图 16　偏振分束器可将偏振光分成两个分量，一个垂直分量和一个水平分量。本图通过 45 度偏振光的特殊情况体现了这一点。45 度角的偏振光被分成水平偏振光和垂直偏振光，二者强度相等。

"同样地，我们可以取另外两个成直角的方向。例如，我们可以将一个水平轴旋转 30 度后得到一个新水平轴，并将一个垂直轴旋转 30 度得到一个新垂直轴。然后，我们可以沿着这些新角度，将全部的偏振进行分解。我们常用坐标轴的方向来标定参照系。例如，前一个参照系的两个坐标轴分别沿水平方向和垂直方向，后一个参照系的坐标轴相对前者有 30 度角的转动。参考轴的方向可以为任意方向。"

"最后，我们来总结一下电场中光的偏振，其中不仅包含线偏振，还有其他更复杂的形式。这里面最重要的一种是圆偏振。在圆偏振中，电场实际上不是来回振荡，而是以螺旋的方式旋转。"教授一边抬起自己的胳膊比画螺旋的形状，一边说："显然，它既可以顺时针旋转，也可以逆时针旋转。"

单个光量子的偏振

"到这里，我们已经懂得了经典光的偏振。大家一定要记住的一点是，我们能够建立起任意偏振，将其作为对其他偏振的叠加。"说着，他再次指向了黑板（见图15）。"现在，情况越发有趣了，"教授又提高了声音说，"让我们来想一下，光实际上是由许多单个粒子——也就是光量子，又叫光子——构成的。"

讲到这里，教室里一片寂静。学生们在入门课里第一次接触到了量子物理学的内容。他们意识到，这些知识令人神往。教授这么早便开始讲授量子物理学的内容，让他们感到受宠若惊。他们之前认为，要涉足量子物理学领域，必须得具备丰富的数学知识。

"我们再来看一下这些光束。我们可以把它们看成许多光量子，或者说许多光子，这样便于我们更好地理解。如果两个偏振器相互平行，所有通过第一个的光子都会通过第二个。如果大家能意识到，位于两个偏振器之间的光子是沿着第一个偏振器设定的方向偏振，这一点便很容易理解。"

说完，教授指向了黑板上没有擦掉的另外一张图（见图13）。"同样，我们再来看一下这张图的下面部分。如果两个偏振器之间互成直角，那么通过第一个偏振器的所有光子都将被第二个偏振器所吸收。"

"讲到这里，我们会觉得，量子的世界似乎并不难懂。"教授停顿了一下，脸上露出了灿烂的笑容。

"但是，让我们来看一下这种情况，当两个偏振器既不是相互平行，也不是互成直角，而是互成斜角，比如说成45度角，那么便会出现一种量子力学的新情况。"说着，他的手指向了图（见图13）的中间部分。

"我们已经知道，在这一角度下，会有一半的能量通过。这一结论，我们是通过将光场分解为平行于偏振器方向的光场和正交于偏振器方向的光场两个部分而得到的。

"那么，我们来想一下，这对光子的定义又意味着什么呢？它能传递的一个重要信息是，一个单独的光子是不可再分的。因此，每个光子要么通过偏振器，要么被偏振器所吸收。刚才我们说过，此刻会有一半的光通过偏振器。也就是说，通过了第一个偏振器的光子中，有一半数量的光子通过了第二个偏振器。到目前为止，看上去尚无法从概念上来判断其中到底发生了什么，即便从量子层面上也难以判断。

"但是，我们现在从离开第一个偏振器的单个光粒子即单个光子的角度来思考一下。我们知道，这个光子会沿着第一个偏振器的方向发生偏振。那么，然后又发生了什么呢？它会通过第二个偏振器，还是被它所吸收呢？我们都知道，如果两个偏振器互相平行，那么这个光子便会通过，如果互相垂直，它便会被吸收。但是，当两个偏振器成斜角，比方说成介于平行和垂直之间的45度角时（见图13），这一光子又将如何呢？很明显，对于此种情况，我们之前的想法已不再适用。对一束强光来说，一半的能量通过，另一半的能量被吸收。然而，我们此刻面对的，是一个独立的光子，一个独立的光量子。光量子是不能再被分割的。因此，对于一个独立的光子，结果不可能是它自身的一半通过，另一半被吸收（见图17）。"

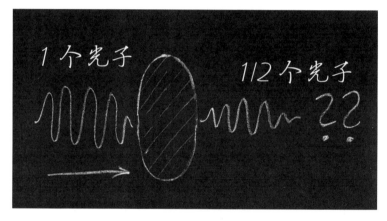

图17　一个垂直偏振的光子撞击到一个成45度角的偏振器。这是否意味着会有半个光子通过它呢？按照量子物理学的观点，这是不可能发生的，因为光子是光量子，是不可再分的。

"结果只有两种可能，此光子要么通过，要么被吸收。实际上，这两种情况各占一半。因此，通过的可能性为50%。如果每一个光子都有50%的机会，那么如果此刻有许多光子，它们中会有一半通过，即一半的能量通过，另一半则被吸收。对于这一点，我们刚才已从对一束光的分析中得到了验证。"

"现在，让我们思考一个极为重要的问题。这个问题实际上是我们所能想到的量子物理学中最为重要的一个问题，"说到这里，教授踱起了方步，"某个特定的光子是否会通过偏振器，到底是由什么决定的呢？这个遇到偏振器的光子难道会自己选择是通过还是被吸收吗？更进一步说，它又是如何知道自己该怎么做的呢？"

说到这里，踱着方步的教授停在了教室前侧中间的黑板前面。他望着学生们，感叹道："实际上，里面并没有任何的规则可言。一个光子选择这样做或者那样做，个中原因无法解释。光子的内在属性无法解释它们的行为，光子里也没有任何蛛丝马迹能够解释这一点。光子的选择是出于基本的逻辑，我们无法以任何方式做更进一步解释。

"在量子物理学中，我们只能对大量粒子及其行为，即所谓的'总效'做出解释。只有在极少数的情况下，我们才能预判单个粒子的行为。总之，我们无法解释单个光子的行为。我们有足够理由相信，这不仅是因为我们的无知，而且是因为这一基本的选择逻辑构成了宇宙运行的基本特征。

"在我看来，这一点是物理学最重要的发现。让我们来想一下，物理学，或者更广泛意义上的科学，其所研究的到底是什么呢？几百年以来，人类一直致力于从更深的层面探索原因，寻求解释。然而，突然有一天，当他们走到了极深处，潜入到了单个量子的世界，会蓦然发现，他们的探索与追问走到了尽头。没有为什么。我认为，关于宇宙的这一基本不确定性，目前尚没有真正融入我们的世界观。"

教授停了下来，环顾四周。有些学生听得津津有味，还有一些似乎一脸茫然。

"好，"他继续说道，"我们再来讨论一下单个偏振光子行为。此刻我们要做进一步分析，考虑一下一束 45 度角偏振的光子流遇到一个双通道偏振分束器（见图 18）会发生什么。任何单个光子将会被偏振分束器传送或以相同的概率被偏转到一侧。因此，每个光子都有 50% 的概率通过偏振分束器，有 50% 的概率被偏转。"

"此刻，我们需要特别关注一下通过偏振分束器之后的光子的偏振情况。所有通过偏振分束器的光子将发生垂直偏振，所有被偏转至一侧的光子将发生水平偏振。因此，每个光子，比如那些直通光束中的光子，都会忘记自己当初是以 45 度角偏振，还是水平偏振了。"

"现在，我们发现了一个重要的问题。"教授说着，再次指向了黑板上的图（见图 18）。

"我们刚才说过，遇到偏振分束器之后，一半的光子通过，一半的光子被偏转。那么，每一个光子是什么时候决定自己走哪条路径的呢？从刚才我画这张图的顺序来看，似乎是在光子进入偏振分束器之后做出的决定。如果是这样，那么光子应当是在这一时刻决定自己是向前直行穿过还是斜向穿过。这个解释很好理解，对吧？"教授边说边四下里看了看。

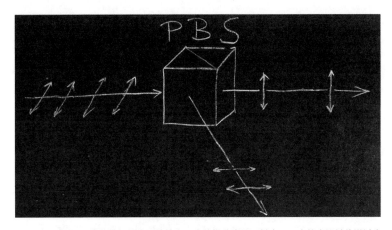

图 18　一束以 45 度角偏振的光子流撞击一个偏振分束器。其中，一半的光子被传送过去，另一半则被偏转。传送过去的光子发生垂直偏振，而被偏转的光子则发生水平偏振。每一个光子都不可再分，其只能存在于这两条被分出的光束之中。然而，具体到某一个光子，它是被偏转还是被传送则完全是随机的。

"是啊！还能怎么解释呢？"一名坐在后排听得入神的学生喃喃自语道。

教授再次露出了笑容，说道："不过，这一解释未免过于简单。果真如此的话，量子力学岂不是好懂得多了吗？"

显然，看到学生们如此专注，教授感到很欣慰。他转过身在黑板上写下了"叠加"一词。

"现在，我们便要开始学习一下量子力学最重要的概念——量子叠加。实际上，对于某一个光子，它无法在此刻决定离开分束器之后的路径。相反，在通过偏振分束器之后，它会处于两种可能的叠加态。从某种程度上说，它是同时处于两个光束之中，这听上去有些匪夷所思。叠加的这两种可能是指光子是通过还是被偏转。我们想一下一束波的情况。进入的波被一分为二，一部分通过，一部分被偏转。

"但是，我们此刻讨论的波是抽象意义上的波，不是现实世界中能够看到的真实的波。引入这种波的唯一目的是，确定如果我们将一个探测器放入相应的光束中，这个探测器探测到光子的概率是多少。人们将这种波称为概率波。"

"那么，假设我们在两束光中分别放置一个光子探测器，用于记录光子。如果一个光子出现在了光束中，探测器便会发出'嘀嗒'声。显然，两个探测器中的一个将会记录下这个光子。然而，具体是哪一个探测器记录了光子，是无法预知的。每一个探测器都有 50% 的概率捕获光子，"教授兴奋地用手敲着黑板，说，"只有在那一刻，光子才会决定走哪条路径。而在这一刻之前，都只能说一切处于两种可能的叠加态。"

"美国物理学家约翰·阿奇博尔德·惠勒对此的解释颇为诡异。他说：'光子有两条路，但它只走一条。'这种说法听上去有些无厘头，但这恰恰是问题的核心。如果你们此刻感到困惑，那么欢迎提出来讨论。"教授笑着说。

"现在让我们概括一下，"教授停顿了一下，接着说，"每当我们以图中所示的方式将一个偏振光子送入偏振分束器，光子就会表现为两种可能的叠加形式，即透射或被偏转。但有意思的是，这同时也是两个偏振的叠加。在此之前，光子的偏振角度为 45 度。现在，它要么在透射光束中发生垂直偏振，要么在被偏转光束中发生水平偏振。因此，如果我们在每一条出射的光束中分别放置一个探测器，光子将在其中一条光束中被记录。而光子也将会有确定的偏振，即垂直偏振或水平偏振。具体形式取决于它出现在哪条光束中。"

"不过，最重要的是，如果我们只有一个光子，一个探测器已经记录了它，那么另一个探测器则一定不会记录它，因为我们只有一个而不是两个光子。"

"那我们怎么知道探测器只响了一次呢？"一个学生问。

"问得好！"教授回答道。

"是理论告诉我们的。但更为重要的是，实验完全证实了这一点。人们已经用单个光子做了这样的实验，发现情况的确如此。对于一个光子，两个探测器中只有一个能记录它，也就是说，从未发生过二者记录同一个光子的情况。这实际上是对光的量子性质的最终确认。

"但是，我们可能会不明白，第二个探测器是如何知道它不应该记录这个光子的呢？原因在于，在光子被记录之前，两个探测器捕捉到光子的概率是相等的。用我们刚刚学过的术语来说，光子处于两种可能的叠加态。对于这一物理学现象，我们是这样解释的：'当光子被两个探测器中任何一个捕获时，叠加态就会崩溃。'爱因斯坦设想过一个更加复杂的情况，光子的分布实际上存在更多的可能，而不仅仅局限于这两束光。如果我们到处放置探测器并记录光子，叠加态便会在整个空间中瞬间坍缩。"

"这是在瞬间发生的，"教授强调说，"它超过了光速。设想一下，某一个遥远的恒星上有一个探测器，"说着，教授把手指向了天空，"另一个遥远恒星上也有一个探测器。假如第一个探测器记录了一个光子，叠加态便瞬间坍缩。此刻，另一个探测器便无法记录这个光子了，显然它在瞬间便知道它不再被允许记录这个光子了。"

"这种叠加态的坍缩是爱因斯坦难以接受的又一个量子现象。对于这种事实上存在的比光还快的东西，他尤其难以面对。但是，我们必须承认，两个探测器不会同时捕捉光子，因为光子是不可再分的。1974年，美国物理学家约翰·克劳泽首次在实验室做了这一实验；1986年，法国物理学家菲利普·格兰杰和阿兰·阿斯佩又对此实验进行了改进。然而，这一实验至今尚没有远距离进行过。也许，将来会有人这样做，那将会是一件令人心驰神往的事情。"

"如果我们像今天的大多数物理学家一样，认为量子物理学只给我们概率，而拒绝考虑波传播的任何现实情况，那么问题就不会出现。但是，爱因斯坦并不喜欢这一立场。他心目中的物理学总能描述物理现实，而不仅仅给出概率。有一次，他在给马克斯·玻恩的信中写道，他确信上帝'不掷骰子'。不过，我相信，"教授笑着说，"上帝真的喜欢掷骰子。"

"上帝在创造宇宙时似乎很随意，他甚至都不知道在某些情况下会发生什么，比如说刚才讨论的单个量子事件。上帝自作主张，让世界变得对他来说更加有趣，但这又是另外一回事了。"他微笑着说。

"至此，你们可能会问，我们怎么才能知道光子处于这两种可能的叠加态呢？我们有实验证明这一点吗？为什么光子不在偏振分束器内决定走哪条路径呢？事实上，到目前为止我还没有向大家证实这一点。现在我们马上就做。"

"现在，让我们考虑一个稍微复杂一点的情况。"他说着，在黑板上重新画了一幅图（见图19）。

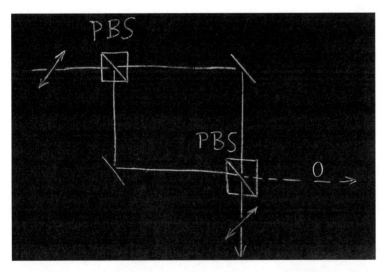

图19　图中上方，一个以某方向（比如45度角）偏振的光子，与偏振分束器相遇。然后，分出的两条新路径被两面镜子重新定向，并在某个点再次相遇。在相遇点，我们放置了另一个偏振分束器。在新分出的这两束光中，一束是空的，其中没有光子；在另一束光中，我们再次得到了一个偏振角度为45度的光子。这便是量子叠加的结果。

"大家来看，这里有两个偏振分束器，"教授解释说，"我们已经知道，在图上方出现了令人好奇的事情。光子在两条路径上以垂直偏振和水平偏振两种形式呈现出了叠加态。那么，如果此刻我们将这两束光放回到另一个偏振分束器，会发生什么事情呢？"

"现在，我们来仔细看看发生了什么。沿着上方的路径，光子垂直偏振。因此，叠加的垂直部分将直接通过第二个偏振分束器。大家应该还记得，图 16 中的偏振分束器的工作是透射垂直分量。

"现在，我们再来看一下图中下方的光束路径，即光子被偏转时经过的路径。在水平路径上，偏振是水平的，因此，水平分量同样会被第二个偏振分束器偏转。

"因此，叠加的两个分量最终将会在向下的光束中组合在一起。而在从第二个偏振分束器向右分出的部分，却没有任何踪迹。所以，我们看到，在这条向下的光束中，垂直分量和水平分量组合在了一起。

"这说明了什么呢？显然，我们重组了初始的 45 度角偏振，因为 45 度角的偏振只是水平偏振和垂直偏振的叠加（见图 16）。"

"实际上，已有许多实验室做过这个小实验。可为什么这个实验能够证明光子在离开第一个偏振分束器之后处于叠加态呢？"说着，教授陷入了沉思。此刻，他不再与学生们互动，只是自言自语，说个不停。

"假如事实并非如此，"他再次指着前面那张图（见图 18）说，"假如每个光子在离开第一个偏振分束器之后，都会立即自行决定是直行通过还是走偏转光束的路径，并因此呈现垂直偏振或水平偏振，那么，各光子将会以垂直偏振或水平偏振的形式到达第二个偏振分束器。它们最终仍然会出现在向下的光束中，但当它们通过第二个偏振分束器时便无法建立起叠加态。此时，这束光由水平偏振光子和垂直偏振光子组成，两类光子数量各占一半。这种情况，与每个光子以 45 度角偏振的光束有很大的不同。只有通过叠加（叠加态下，每个光子都会通过某种方式同时经过两条路径），我们才能使射出光束中的所有光子都处于 45 度角偏振的状态。这便明确证实了单个量子粒子的叠加态，它不仅仅是经典波。"说到最后几个字，教授提高了音量，而后又是长时间的沉默。

"今天我所讲给大家的，"教授瞥了一眼教室里的大钟，接着说，"是量子物理学中一些最重要的事实。当然，你们必须学习很多数学知识，才能完全弄明白其中的奥妙。不过，不管你们何时研究量子物理学，也不管以后当实验家还是理论学家，你们所学过的概率和叠加这两个概念，都会一直伴随左右。"

"在这里，我要再次强调，量子物理学只告诉我们未来事件的发生概率。至于为什么在特定的测量情况下会出现特定的结果，量子物理学没有给出任何解释。正如在我们刚才的例子中，量子物理学并没有解释为什么一个特定的光子会在这一光束中被探测到，而不是在离开第一个偏振分束器后的另一光束中被探测到。

"然而，量子物理学的确能够对概率做出非常精准的预测。这意味着，在我们的例子中，如果有很多光子射入偏振分束器，我们知道其中一半会透过，另一半则会偏转。因此，量子力学能够对系综做出精准预测。"

"实际上，在某些情况下，对于即将发生的个体事件，量子物理学也会做出精确预测。我们面前就有一个例子能说明这一点。"他再次指向黑板上的最后一张图（见图19）。

"量子物理学确定地预测，每个光子最终都会出现在第二个分束器向下的光束中，而没有光子会向右通过。这是量子力学做出确定预测的唯一情况。在这类情况下，一个事件发生的概率要么是1，要么是0。也就是说，这一事件要么一定会发生，要么永远不会发生。

"我们学到的另一个重要概念是量子叠加。一般来讲，关于这种情况的描述很复杂。在针对此情况的实验中，一个粒子会出现多种不同可能的叠加。在我们的例子中只有两种可能，即离开第一个偏振分束器后的两束光。此时，测量结果仅仅反映了两种可能的结果之一——或者更笼统地说，测量结果反映的是多种可能结果之一。同时，当一种情况发生时，量子力学状态发生坍缩，其他任何可能情况都不会再发生。"

"最后——"教授提高了嗓门，因为此刻临近下课，教室里已经有学生在窃窃私语。"我想说点儿更有意思的事情。我们今天所学的这些内容，都是人们出于对哲学的好奇才深入研究的。他们想知道大自然是否真的像量子物理学所描述的那样奇妙。最有意义并令所有人赞叹不已的是，早期的实验不仅证实了单个量子粒子的诡异行径，并且为新技术奠定了基础。今天，在我们所讨论的有关计算和通信的一些崭新概念中，单个量子粒子的量子行为至关重要。大家可能都听说过量子计算机，它比现有的所有计算机都快得多；大家可能还听说过量子密码学，通过它能够以绝对安全的方式发送信息；还有量子隐形传态，通过它可以远距离传送一个系统的量子态。"

"把我送上去吧，斯科蒂！"讲台下第一排的一个学生脱口而出。"呵呵，"教授笑着说，"它们不仅如此，实际上也要有趣得多。不过，大家得耐住性子，慢慢了解其中的奥妙。"

教授说到这里，教室里掌声雷动。几名学生走到匡廷格教授面前，试图从他那里打探更多关于量子密码学、量子计算机以及量子隐形传态的信息。学生们慢慢散去，只留下空荡荡的教室。

12

爱丽丝和鲍勃发现了双生粒子

下课后，爱丽丝遇到了鲍勃，便告诉鲍勃她觉得设备有些异常。通过改变开关的设置，她无法左右红灯和绿灯闪烁的频率。"也许，开关对整个程序根本毫无用处，要么就是它坏了。"她说。

鲍勃也有类似的想法。不管他如何操作开关，并不能改变探测器灯传递出来的信息。他同样希望，他所测得的结果与来自发射源的物质的确存在某种关系。于是，他拔下了连接发射源和设备的电缆。此时再看过去，两盏灯便不再显示任何信息了。

"这么说，"他总结道，"两盏灯的闪烁与射进的物质的确存在一定关系，因为至少在我拔下电缆之后，闪烁会停止。但显而易见的是，设备并没有测量有关输入信息的任何有价值的属性。"于是，他们决定去约翰那里，告诉他程序存在缺陷或错误。

两人来到了约翰的办公室。鲍勃便开始讲述他如何精心留意红灯或绿灯闪烁的次数，而两盏灯的闪烁实际上毫无意义可言云云。看上去，红灯和绿灯的闪烁全无章法，忽而这样，忽而那样。当他将开关转换至其他位置时，同样的事情会再次发生——始终如一地无序。此外，当鲍勃拔下电缆时，没有任何记录。

听到这里，爱丽丝也顺势讲起了她的遭遇。她说，她记录了 200 秒内指示灯的闪烁次数。她还说，在此段时间内，不管开关如何设置，平均下来每盏灯都会显示出粒子被记录了大约 100 次。

爱丽丝和鲍勃满以为，约翰对于他们的遭遇会慨叹一番。然而，他俩没想到，鲍勃刚解释了没几句，约翰便笑了起来。他们越解释，约翰便笑得越起劲。

约翰是一位有耐心的倾听者，因此他让两个人言无不尽。同时，约翰还会详细询问具体情况。最后，约翰说道："祝贺你们，你们干得不错！你们所说的也全无问题，我深受感动。"

爱丽丝满脸疑惑地说："也就是说，这套设备没坏？我们就是要去观察这些没有规律的数据？"

约翰回答说："如果网络没问题，我希望这些由网络去完成。"

"果真如此，我们也便没什么好测的了！"

"不，有，"约翰说，"你们两人工作得法，又能发现问题，我确信你们能够成功。别着急，慢慢来。"

"不给我们指点一下吗？"爱丽丝乞求道。

"好吧，也许我能够多少帮帮你们，"约翰回答说，"这个实验有一个特点你们还没有加以利用。实际上，你们的测量统计数据与同一个发射源相关联。不过，剩下的，就要靠你们自己去发现了。到时候你们会更加兴奋的。这会儿我得去上习题课了。你们如果再有新的发现，随时给我打电话。"说完，约翰便转身离开了。

爱丽丝与鲍勃困惑不已。他们该怎么办？他们已经发现，约翰也已经证实，两个实验室所发生的一切都没有任何规律。更为糟糕的是，这恰恰是粒子或来自发射源的那个什么物质的正常之举。

"如果量子的全部便是这种随机发出的'嘀嗒'声，那这一切简直比我想象的还要糟糕！"爱丽丝感叹道。

"也许，我们应该就此打住，去找个更接地气的项目。"鲍勃说。鲍勃一边嘟囔着，一边却也在竭力思索：两个实验室都连接到同一个发射源，这意味着什么呢？也许，他们应该注意一下在两个实验室中所分别测得的数据之间有什么关系。可是，二者之间又有什么联系呢？为了找到答案，两人只得再次去摆弄那些设备。

第二天早晨，爱丽丝与鲍勃都迟到了，因为他们对整个任务都有些失去了兴致。但是，他们还是在9点半左右就位，开始了他们的观测。一番鼓捣之后，爱丽丝打电话给鲍勃，说她那边的情况还是老样子。鲍勃告诉她，他的情况毫无二致。但他们没有再抱怨什么，因为约翰已经告诉过他们，设备的工作方式的确就是这个样子。

"不过，"鲍勃说，"约翰给了我们一个小提示，我们二人的实验室都连接到同一个发射源。那这对我们又有什么用呢？我们该怎么办呢？"

"有了！"爱丽丝兴奋地说，"我们可以把两个探测器做出记录的时间进行一下对比。也许其中有某种联系。当两盏灯的一盏闪烁时，我们应该能够对此时间进行精准测量，因为我们的计算机上能够显示每一次'嘀嗒'声发出时的时间。我们的两套程序都有精确到纳秒的时钟，一纳秒是十亿分之一秒。这样的话，我们何不记录一下这些事件发生的时间呢？"电话里，爱丽丝提出了自己的想法。

然而，鲍勃却说："要观测这么多次的事件，我们还得确保我们两个能同时开始。"鲍勃意识到，计算机可以帮助他们同时开始计时。爱丽丝也发现，他们可以将两台计算机设置一个固定的时间段。

说干就干。他们将各自的计算机设置在同一时间开始，将起始时间设置为零，而后又把计时时长设置为 100 秒。基于前一天的发现，他们预计会出现约 100 次事件，并且大致结果为一半事件红灯亮起，一半事件绿灯亮起。100 秒之后，计算机屏幕上显示出了一堆看上去乱糟糟的数据。这些数据一个紧挨着一个，形成一长串的记录。

每一个记录都对应着一次单独的事件，代表其中一个探测器捕捉到某些东西的举动。每条数据的内容除了包括时间，还有开关设置记录（+、0 或者 −）以及红色或绿色指示灯亮起的记录。每发生一次事件，这些信息便会被写入数据清单。数据表中一条典型的记录是这样的：

$$22.327033758 + G$$

这条信息意味着，在开始计时之后的第 22.327033758 秒，开关处于正（+）的位置时，绿色探测器捕捉到了什么。因此，爱丽丝打电话跟鲍勃说："我们来对比一下结果。首先，我们看一下我们是否在同一时间探测到了某些粒子。"

此刻，鲍勃正要去喝杯咖啡休息一下，因此他建议两人将表格打印出来，然后到自助餐厅会面。

爱丽丝还有些不放心，她说："也许我们刚才做的测量有些误差，为了确保准确，我们再做几次吧。"

就这样，两人又收集了三次数据。两台设备每次都设定了相同的开始时间。最终，他们得到了四张表格，每张表格对应 100 秒的时间。然后，他们便起身去倒拿铁咖啡。

"我们开始吧！"爱丽丝说着，将四张表格摆在了桌子上。

"果然名不虚传，你们真是学校雄心勃勃的大学生啊！"一名兼职做餐厅服务员的女研究生笑着说，"你们不愧是研究科学的天选之人啊！"

鲍勃说："嗯，我们正朝着这个目标努力。不过，目前情况有些不妙，因为我们并不理解量子。"

女研究生安慰他们说："我记得读过一位知名教授写的文

章，记不起他名字了。他说，'我们可以肯定地说，没有人理解得了量子力学'。"

"是的，这是理查德·费曼说的，"爱丽丝解释说，"实际上，费曼曾因发展了量子电动力学而获得过诺贝尔奖。我们教授说过，量子电动力学在计算基本粒子各种类型的实验结果方面是非常成功的。"

"不过，我想我们如果理解不了我们的实验，便永远也得不了诺贝尔奖，"鲍勃说，"算了，还是先看看我们的表吧。"表格看上去杂乱无章，因此爱丽丝与鲍勃决定首先检查一下，他们二人的表格每一秒包含的记录数量是否相同。在第一批数据中，关于红灯和绿灯亮起的总次数，爱丽丝为 102 次，鲍勃为 98 次。

"哇，"鲍勃说，"我的设备似乎不如你的优秀，再看看其他的批次。"

在第二批数据中，爱丽丝为 95 次，鲍勃为 100 次。看上去，两人没有一批数据得到的事件记录次数是完全相同的，时而鲍勃多一些，时而爱丽丝多一些。巧合的是，平均下来，与爱丽丝前一天独自观测的结果一样，都是大约 100 次。

"不过，如果我们测量的是同一类现象，我们应当得到同样的事件次数，"鲍勃说，"我们的设备一定有问题。"

较之前一天，爱丽丝此刻变得更为小心，因为她曾经错误地认为她的设备出现了故障。她说："你信不信，如果我们现在再去找约翰，并告诉他设备出了问题，他会告诉我们，这一诡异的现象正是他意料之中的事情。因此,他会再次为他将设备设置成这样而备感骄傲的。"

就这样,两人坐在那里,仔细盯着眼前的表格。鲍勃提议说:"嗯,也许我们应该看一下我们两人都记录过信息的确切时间。"

"可是,我们很难去对比它们,因为记录事件的总次数永远都不相同,因此一定是丢失了一些数据。"爱丽丝说。可两人别无他法,只得将他们各自表1的数据进行详细对比。

表1

爱丽丝	鲍勃
00.382234518 – G	00.882031592 0 R
01.129527532 – R	02.240987810 0 G
02.240987809 – R	03.097710128 0 G
03.300187990 – G	……
……	

第一行的两条数据便不相同,第二行往后也是如此。

因此,即便在时间上,二人的数据也没有明显的联系。这一发现让他们有些失望。鲍勃不禁思绪万千,漫无目的地盯着面前的表格。忽然,他的眼睛一闪,发现了什么。爱丽丝第三行的数据与他第二行的数据几乎相同!误差仅为一纳秒。因此,他们兴奋不已,将这两条记录圈了起来(见表2)。

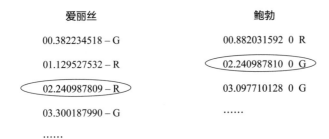

表 2

爱丽丝	鲍勃
00.382234518 – G	00.882031592 0 R
01.129527532 – R	02.240987810 0 G
02.240987809 – R	03.097710128 0 G
03.300187990 – G	……
……	

"发射源一定是在这里同时发射了两个粒子，这两个粒子分别同时到达了两个探测器！"爱丽丝大声说道。

两人兴奋不已。就这样，他们开始继续寻找类似的相同或几乎相同的记录，然后找到了好多条。最终，他们发现，每张表大约有五分之一的数值与对照表格中对应数值几乎完全相同，误差仅为几纳秒。

爱丽丝认为，这一纳秒级别的差别可能仅仅是因设备自身不精确而造成的。"毕竟，如果你用时钟来进行精确度极高的测量，每个时钟也一定会出现某些不确定性。显然，对于我们来讲，这只是纳秒级别的误差。因此，我们对此不必担心。那么，我们该怎样看待这些数据呢？我们已经知道，两边大约各有五分之一的事件之间存在关联。它们几乎同时发生。"

鲍勃说："这一定是因为，发射源在同一时间发射了两个粒子。它们看上去很像一对孪生兄弟。"

"不对，是孪生姐妹。"爱丽丝说。

"好吧，孪生姐妹，"鲍勃笑着说，"然后，就像约翰所说的，这两个粒子会沿着这几条光纤同时传递到我们的两个实验室，因为它们是同时被捕获的。"

爱丽丝说："不过，光纤的长度必须完全相等，这很难做到。"

鲍勃拿起手机，拨通了约翰的电话，说道："约翰，从发射源到我们实验室的光纤长度相等吗？"

约翰赞叹道："祝贺你们！你们发现了一个非常重要的问题。显然，你们已经发现了问题的核心，开始关注起了你们两人实验室之间的关系。是的，为了你们，我特别将光纤做成了相同的长度，即便两个实验室与发射源之间的距离并不完全相等。我在爱丽丝这一侧将光纤电缆多放了几英尺（1 英尺 =0.3048 米），因为她的实验室距离发射源略微近一些。因此，这两条光纤的长度几乎完全相等，误差在几英寸（1 英寸 =2.45 厘米）之内。我猜你们发现了这些巧合。"

鲍勃说："噢，这便是您所说的，在相距较远的两个地点，两个事件同时发生吗？"

约翰回答说："的确如此。你们还发现了什么？"

鲍勃说："嗯，我们发现，这种情况并不是一直发生。只有五分之一的情况会如此。剩下的情况中，相对于我这边的一个事件，另一边并不存在与其完全一致的孪生兄弟。"

"还有，"爱丽丝朝着鲍勃的手机喊道，"我这一侧的一个事件似乎在另一侧也并不存在孪生姐妹。"

电话那头儿，约翰笑着说："我的天，我真的是佩服你们。你们考虑得的确周密。我预计相符事件发生的确切概率是22%。"

"你是怎么算出这一个概率的呢？"鲍勃问道。

约翰神秘地说："呃，这一点得靠你们自己去探索，并尝试找到合理的解释。我就不解释啦。继续努力，回头联系！"说着，约翰挂了电话。

爱丽丝与鲍勃不禁开始思考，约翰说他预计相符概率为22%，这究竟意味着什么呢？经过讨论，两人得出了两种不同的解释。第一种解释是：可能发射源有时会发射单个粒子，而有时会同时发射两个粒子，并且发生此种情况的次数占全部次数的22%。另外一种解释是：可能发射源一直会发射粒子对，然而，有些粒子会丢失，或者说探测器因不够精密而不能捕获全部的粒子，最终，恰好有22%的情况是两边同时捕获粒子，发生相符事件。爱丽丝与鲍勃意识到，目前无法确定究竟发生了哪一种。

"可是，"爱丽丝提出，"如果我只看我自己的数据，而不管你的数据，那么所有的事件看上去都差不多。灯光闪烁是随机的，粒子以几乎相同的速度到达，因此没有理由认为，发射源发射的是两种不同的东西。"

鲍勃眼前一亮，说道："这个想法果然妙！那么我们就可以推测，发射源时刻都在发射粒子对，而我们只能在大约五分之一的时间里捕获这两个粒子。"

于是，他们马上又拨通了约翰的电话，将他们的想法告诉了约翰。"难以置信！"约翰说，"你们竟然发现了这些实验中存在的收集效率的漏洞问题。"

"什么问题？"爱丽丝问道。

"噢，"约翰回答说，"也许我告诉你们的太多了。但在某种程度上的确存在一个问题，即当发射源一直以成对形式发射粒子时，在其中22%的事件中，我们可以收集到与被捕获粒子对应的孪生粒子。"

"那么，这怎么就成了一个问题呢？"爱丽丝问道。

"哦，对于这个实验来说，你们姑且不必考虑这些，否则我便又要说多了。"说完，约翰再次挂了电话。

爱丽丝和鲍勃兴奋异常。尽管如此，他们仍对数据再次进行了核查，希望能有更多的发现。

"也许，我们应当只对那些发生了相符事件的情况进行研究。"爱丽丝建议说。

于是，他们将所有的相符事件做了标记，共有20次。他们决定将结果匹配成对，并将红灯或绿灯亮起的情况进行对比。不出所料，由于它们自身存在随机性，每盏灯仅在一半情况下亮起，无论爱丽丝的表格还是鲍勃的表格记录的都是如此。确切地说，爱丽丝的表格中记录的是红灯亮起11次，绿灯亮起9次；鲍勃的表格中分别为10次和10次。

爱丽丝说："现在，我们再来看一下颜色之间是如何搭配的。也许，在某些情况下我们会得到相同的颜色，在另一些情况下我们的颜色会不同。"

对比这些颜色，他们发现，结果并没有多么鼓舞人心。有时候两人表格中记录的颜色相同，而有时候则不同。通过对表格数据更为详尽的对比，他们发现，红红组合出现了 8 次，绿绿组合出现了 9 次。看上去，双方出现相同颜色的情况要远远多于不同颜色的情况。红绿组合仅出现了一次——爱丽丝的为红色，鲍勃的为绿色；而绿红组合则仅出现了两次。

"这似乎意味着什么。到底是什么呢？"爱丽丝说道，"让我们来总结一下进展情况。在某些情况下，即大约 22% 的情况下，我们能够捕获双生粒子。至于其他情况，目前我们可以忽略。同时，我们能记录到有关颜色的四种组合，看上去，同种颜色的情况要大大多于不同颜色的情况。"

鲍勃挠了挠头，说道："只看这些表格，似乎看不出其中的奥妙。我们如何才能挖掘出更多信息呢？其中是否另有玄机呢？"爱丽丝搓着一缕头发，抬起头仰望天空。此刻已近中午时分，两人决定到此为止，第二天再决定如何往下进行。

深夜，爱丽丝辗转反侧，睡不好。她梦到计算机屏幕上的红绿灯交替闪烁，还梦到他们前一天刚刚分析过的那些打印出来的数据。在梦中，那些数据活灵活现地出现在她的面前。她无法完全看清上面的数字，但她看到了一张张闪过的数据表。模模糊糊地，她意识到表格里一共有三栏数据。第一栏是时间，第二栏是或红或绿的显示结果，但对于第三栏，她之前从未给予过关注。她记得约翰告诉过她，数据里还有开关设置一栏。爱丽丝的梦中，这一栏内容若隐若现，不断变换，一会儿是 +，一会儿是-，一会儿又变为0，如此循环不已。显然，还有些重要的东西是她目前所不能把握的。对此，梦中的爱丽丝觉得很正常，因为她和鲍勃之前在对各自数据进行研究时发现，那些数据并不受开关设置的影响，因此他们之前也并没有关注这一点。

第二天早上，爱丽丝醒来，回想起了她的梦。她立即打电话给鲍勃，将她的想法告诉了他，说她认为开关设置可能会与结果相关。

"我看过了我的数据，"爱丽丝说，"它们对应的开关设置都是-。你的呢？"

鲍勃看了看他的数据，开关设置全部是0。这些设置是鲍勃与爱丽丝在前一天刚到达各自实验室时开关的实际设置。那天，他们俩并没有在意这一点。

因此，他们很清楚要做什么，那就是回到实验室，查看开关设置对于其他数据有什么影响。也许，开关设置会影响设备捕捉粒子对的时间；也许，通过某种方式，开关设置相同与否会决定数据结果。

于是，二人草草吃完早餐，匆匆到了各自的实验室。可他们具体该从何处着手呢？每台设备都有三种不同的设置，+、0和-，两台设备可能会形成9（3×3）种组合方式，这会导致情况比较复杂。因此，他们决定从简单处着手，首先看一下两边开关设置相同的情况，从正正组合开始。他们再一次设置了100秒时间，像之前一样打印出所有的数据结果，包括时间和输出的颜色。同样地，他们一共设置了四段。

这一次，两人满怀希望，顾不上互相走动，一直通过电话联系。由于在前一天他们便锁定了重点，因此两人很快便对双方都捕捉到粒子事件的数据进行了识别。结果同之前如出一辙。仅有五分之一到四分之一的情况，他俩才能观测到双生粒子事件。其他情况下，都是只一方实验室捕捉到了单个粒子，未出现双生粒子。因此，他们决定将非双生粒子事件的数据从表格中删掉，并对其余的数据进行对比。

"第一个结果，"爱丽丝说，"我的是绿灯亮。"

鲍勃说："我这边也是绿灯亮。"

第二个结果：爱丽丝"红"，鲍勃"红"。

第三个结果：爱丽丝"红"，鲍勃"红"。

第四个结果：爱丽丝"绿"，鲍勃"绿"。

两人兴奋不已。显然，两边亮灯的颜色总是相同。

将四张表格进行对比，他们发现，仅有一次双方亮灯颜色是不一样的。在这次事件中，爱丽丝的红灯亮，鲍勃的绿灯亮。其他所有情况中二者颜色都相同。两人确信，他们获得了重要发现。对于这次双方颜色不同的事件，他们决定不去管它，只将它看作一次测量误差。两人通过之前的实验课便知道，实验中难免会出现测量差错。导师们早就一再提醒过他们，实验差错难以有效避免。因此，他们得出结论：如果双方的开关设置均为 +，那么双方的显示结果便相同。并且，他们还发现，红红组合和绿绿组合出现的频率相等。

对爱丽丝和鲍勃来说，如果可以推导出发射源可通过某种相同的方式发射粒子对，那么这将是一件令人振奋的事情。这些粒子对将满足一个条件，即两个粒子要么全标记为绿色，要么全标记为红色。然而，对于开关在其中起什么作用，他们仍然摸不着头脑。有一点他们可以确定的是，只要双方的开关设置都为＋，那么两人便会得到相同的结果。

下一步，他们要对两个开关都处于零位的情况做相同的研究，以期能够发现其中的规律。结果，情况与此前相同。无论双方何时捕获一个粒子，双方得到的结果总相符，或者均为红色，或者均为绿色。后来，他们将开关都设置到负位，结果依然如此。

隐藏的属性

"我们得针对我们观测到的结果解释一下，"爱丽丝提议说，"显然，两个粒子完全相同，它们自带相同的属性。"

"那么是哪种类型的属性呢？我们无从知晓。"鲍勃说。

然而，爱丽丝对此并不在意。她说道："可能是任何形式的特性。我们不必在这一问题上较真，我们只需要知道，这一特性能够决定两个探测器中哪一个捕获粒子，从而进一步决定红绿两盏灯哪一盏亮就可以了。"

"你说的也许是对的，"鲍勃说，"我们目前可以简单地认为，两个粒子都携带某种指令。当你那边的粒子遇到探测器时，它会查看这一指令，判断自己将通过红色探测器还是绿色探测器。我这边的粒子同样如此。"

"这个想法不错！"爱丽丝说，"现在我们知道，对于相同的开关设置，我们两方的指示也必须是相同的。这就像是一对孪生子一样。"

"为什么是这样？"鲍勃大惑不解。

"很简单，"爱丽丝兴奋地说，"因为对于长相几乎相同的孪生子来说，我们知道他们为什么长得一样。因为他们携带着相同的基因，这些基因决定了他们毛发的颜色、眼睛的颜色及许多其他特征。"

听到这里，鲍勃也变得兴奋不已。"也就是说，我们此刻正讨论的这些指令，也许正像是双生粒子之间相同的基因。每当开关设置在正位时，则每个粒子都一定携带一个决定测量结果的基因；而当开关设置在零位时，还会有一个决定测量结果的基因；同理，当开关在负位时，会有第三个对应的基因。如果这些基因相同，也就是说两个粒子携带同样的指令，那么我们便会获得一致的结果。"

然而，爱丽丝却说："严格来讲，对应开关的所有三个设置，单个粒子不必携带全部对应的指令或者基因，因为我们只需要测得它们这三个特征中一个的结果。"

"你说的不错，"鲍勃说，"发射源只需要知道开关的具体设置，便可以发射出一个携带对应这一设置的指令的粒子。"

爱丽丝看着窗外，心中有一丝疑惑。"这可能还不够，因为我们可以快速改变开关设置，甚至就在粒子上路后的一瞬间改变设置。此时，粒子便无所适从，因为它所携带的指令将面对错误的开关设置。果真如此的话，那么这两个粒子必须携带对应三个开关设置的全部指令。"

鲍勃想了一会儿说："可是，我们无法对此进行实验，因为我们面对的是光速，无法做出快速改变。不过，这在技术上也许是可行的。因此，当前我们可以采纳你的假设，然后看看约翰是怎么想的。"

于是，他们拨通了约翰的电话。电话里，约翰立刻便听得出，两人在电话那头欢欣鼓舞。当两人告诉约翰他们对实验中出现的完全相关现象进行了分析时，约翰深受感动。特别是当两人将他们关于粒子携带隐藏指令的想法告诉他时，约翰更是拍案叫绝。

"简直棒极了！你们不但发现了完全相关现象，而且还将思想延伸到了爱因斯坦、波多尔斯基和罗森的推理逻辑。"

"爱因斯坦，波多尔斯基，罗森？你在说什么呢？"爱丽丝有些好奇。

"呃，现在来不及细说了。这样吧，今天下午晚些时候，你们来我办公室一下，我和你们论个究竟。"

13

约翰论爱因斯坦、波多尔斯基和罗森

爱丽丝与鲍勃来到约翰的办公室，舒适地坐在椅子上，听约翰娓娓道来。

"我们都知道，由于在量子物理学光电效应研究中做出了重要贡献，爱因斯坦获得了诺贝尔奖。我们也知道，爱因斯坦也提出过一些批判意见。特别地，他对在量子物理学中扮演新角色的随机性进行了批判，并因此提出了他的那句尽人皆知的'上帝不掷骰子'。

"1905 年，爱因斯坦一举成名。他的同事莱昂·罗森菲尔德称其为'横空出世'之人。在柏林，爱因斯坦已成为物理学界的领军人物之一。20 世纪的头 30 年，柏林是世界科学、人文和艺术的中心。当时许多著名的科学家和艺术家都曾在那里工作。其中就包括物理学家薛定谔、化学家弗里茨·哈伯、生理学家和医学家奥托·海因里希·瓦尔堡以及建筑学家瓦尔特·格罗皮乌斯，前三位都得过诺贝尔奖。随着纳粹掌权，许多知识界人士，特别是一些犹太裔科学家失去了自由，甚至遭到了迫害。

"1933 年 3 月，一次美国之行让爱因斯坦做出了离开德国的决定。他放弃了在普鲁士科学院的职位，以示对纳粹政权的反抗。1933 年 10 月，在比利时和英国短暂停留之后，爱因斯坦来到美国并在那里定居。在普林斯顿高等研究院，他继续为打造量子物理学的基础而呕心沥血。

"1935 年，爱因斯坦与当时年轻的物理学家鲍里斯·波多尔斯基和纳森·罗森一道，撰写了一篇题为《能认为量子力学对物理实在的描述是完备的吗？》的论文。论文题目激发了人们的哲学思考。最终，这篇论文刊登在了美国物理学会出版的期刊《物理评论》第 10 期第 47 卷上。"

说着，约翰走到电脑前，输入了《物理评论》的网址（http：//prola.aps.org），并下载了这篇论文（见图 20）。

"这篇论文有些过于专业，爱因斯坦显然并不很喜欢。他给薛定谔写了一封信。信中说，由于语言的原因，经过多次讨论，这篇论文最终由波多尔斯基执笔。论文完成之后，爱因斯坦觉得并没有达到预期，因为文中知识的堆砌反而掩盖了主要问题。"

爱丽丝插话说："那么，爱因斯坦为什么不能不用那么多的方程，以更简洁的方式表达他的观点呢？"

"是的，他的确这样做了，"约翰回答说，"1949 年，在他的《自述注记》一书中，爱因斯坦以简洁明了的方式阐释了他

of lanthanum is 7/2, hence the nuclear magnetic moment as determined by this analysis is 2.5 nuclear magnetons. This is in fair agreement with the value 2.8 nuclear magnetons determined from La III hyperfine structures by the writer and N. S. Grace.[9]

[9] M. F. Crawford and N. S. Grace, Phys. Rev. 47, 536 (1935).

This investigation was carried out under the supervision of Professor G. Breit, and I wish to thank him for the invaluable advice and assistance so freely given. I also take this opportunity to acknowledge the award of a Fellowship by the Royal Society of Canada, and to thank the University of Wisconsin and the Department of Physics for the privilege of working here.

MAY 15, 1935   PHYSICAL REVIEW   VOLUME 47

Can Quantum-Mechanical Description of Physical Reality Be Considered Complete?

A. Einstein, B. Podolsky and N. Rosen, *Institute for Advanced Study, Princeton, New Jersey*
(Received March 25, 1935)

In a complete theory there is an element corresponding to each element of reality. A sufficient condition for the reality of a physical quantity is the possibility of predicting it with certainty, without disturbing the system. In quantum mechanics in the case of two physical quantities described by non-commuting operators, the knowledge of one precludes the knowledge of the other. Then either (1) the description of reality given by the wave function in quantum mechanics is not complete or (2) these two quantities cannot have simultaneous reality. Consideration of the problem of making predictions concerning a system on the basis of measurements made on another system that had previously interacted with it leads to the result that if (1) is false then (2) is also false. One is thus led to conclude that the description of reality as given by a wave function is not complete.

1.

ANY serious consideration of a physical theory must take into account the distinction between the objective reality, which is independent of any theory, and the physical concepts with which the theory operates. These concepts are intended to correspond with the objective reality, and by means of these concepts we picture this reality to ourselves.

In attempting to judge the success of a physical theory, we may ask ourselves two questions: (1) "Is the theory correct?" and (2) "Is the description given by the theory complete?" It is only in the case in which positive answers may be given to both of these questions, that the concepts of the theory may be said to be satisfactory. The correctness of the theory is judged by the degree of agreement between the conclusions of the theory and human experience. This experience, which alone enables us to make inferences about reality, in physics takes the form of experiment and measurement. It is the second question that we wish to consider here, as applied to quantum mechanics.

Whatever the meaning assigned to the term *complete*, the following requirement for a complete theory seems to be a necessary one: *every element of the physical reality must have a counterpart in the physical theory.* We shall call this the condition of completeness. The second question is thus easily answered, as soon as we are able to decide what are the elements of the physical reality.

The elements of the physical reality cannot be determined by *a priori* philosophical considerations, but must be found by an appeal to results of experiments and measurements. A comprehensive definition of reality is, however, unnecessary for our purpose. We shall be satisfied with the following criterion, which we regard as reasonable. *If, without in any way disturbing a system, we can predict with certainty (i.e., with probability equal to unity) the value of a physical quantity, then there exists an element of physical reality corresponding to this physical quantity.* It seems to us that this criterion, while far from exhausting all possible ways of recognizing a physical reality, at least provides us with one

图 20 爱因斯坦、波多尔斯基和罗森合作撰写的论文的首页。这篇论文首次提到了纠缠，又被称为 EPR 论文。

13　约翰论爱因斯坦、波多尔斯基和罗森　　107

的基本观点。"

"不过，我还是得介绍一下爱因斯坦、波多尔斯基、罗森论文的基本情况。这篇论文经常被称作 EPR 论文，因为对于重要的论文，科学家们经常以作者姓名的首字母来命名。同时，事实证明，时至今日，这篇论文的重要性仍在与日俱增。要衡量一篇论文的价值如何，要看其他论文的作者引用这篇论文的频率。"

"在我的毕业设计中，我也发现了这一点。一般来讲，人们在写科技论文时都会引用其他人的论文。他们为什么要这么做呢？"鲍勃问道。

"原因很多，"约翰说，"首先，当我们在自己的论文中引用别人的成果时，出于职业操守，我们需要提示被引用内容的出处，以免让读者误认为我们将别人的成果据为己有。另一个原因是，如果我们的观点恰好与某位科学家的观点不谋而合，那么引用他的论文便能够使自己的观点更加可信。另外，我们经常需要说明一下，自己的成果得益于别人的努力，尤其是当你觉得，你所取得的突破正是其他科学家一直以来孜孜以求的目标时。"

"其中的关键在于，一篇论文被引用的次数越多，那么它的内容便越重要。当然，有时候这也会造成误导，因为如果某篇论文中有一个广为流传的错误，它同样也可能会被经常引用。这篇 EPR 论文，近些年来被引用的次数一直在稳步上升。这里，我做了一幅图，说明了这篇论文被科学文献引用的次数（见图21）。你们能看得出，这篇论文在1935年刚发表之后，几乎无人问津。而2000—2010年，它每年被引用的次数均超过了100次。这一点非同小可，因为大多数论文一般总共也就被引用三五次，并且随着时间的推移，被引用次数会持续下降。"

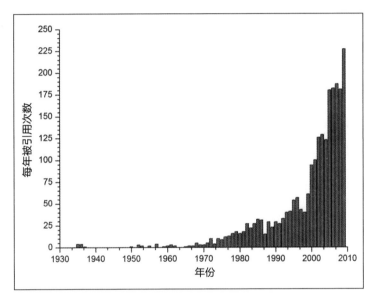

图21　期刊《物理评论》的文章每年引用EPR论文的次数。最初，EPR论文基本无人问津。而多年以后，这篇论文早已蜚声学界。

爱丽丝感叹道："真是奇怪。如此重量级的论文，如何会在一开始无人过问呢？"

约翰点了点头，继续说："当今，对于世界上最高级别的物理学研究而言，这篇 EPR 论文的观点至关重要。然而，在正式讨论 EPR 论文的内容之前，也许我得告诉你们一些相关的背景。"

约翰将身子向后倚了倚，抬头看着天花板说："在物理学中，要描述一种现象，需要用到物理学家们构建的理论。科学理论是非常严谨的，而远非我们日常所说的'理论'一词所能比。在日常生活中，我们所谓的'理论'，通常指的是关于某一事物原理的一种类似直觉或感觉的东西。而物理学中的理论则要精确得多。它需要对将来可能发生的观测和测量结果做出精准的预判。而物理学家们往往有些恃才傲物，他们都希望自己的理论能够涵盖越来越大的范围，从而能够解读越来越多的现象。实际上，这一做法不仅在物理学界，在其他学科中也获得了成功。我们来举一个生物学的例子。查理·达尔文的进化论，从肉眼不可见的病毒和细菌，到我们人类自身，适用范围可谓非常之广。

"然而，正如我所说的，物理学家尤其目空一切。他们希望最终有一天能够发现一种理论，用它来解释世间万物。也就是说，物理学家的终极梦想是有一套所谓的终极和普适的物理学理论，于是至少在原则上，便没有哪种物理学现象无法被这套理论所诠释。

"当然，我们不禁要问，人们希望在将来某一天能够发现这样一套理论，无论其合理与否，这一试图找到万物理论的做法是否就真的那么不可一世呢？一些物理学家认为，这一理论可望在不久的将来被发现，因为物理学，或者说更广泛意义上的科学，已经越来越能够创建更多的理论，这些理论能够解释很多以前的科学所无法解释的现象。因此，这些物理学家认为，这一极为成功的探索没有理由在将来某一天停止下来。

"当然，还有一部分物理学家认为，这一万物理论距离我们尚远之又远，因为现代科学的整个探索历程加起来也不过几百年的时间。还有一些物理学家认为，出于底层的哲学逻辑，万物理论的创建可能永远无法实现，原因之一是，一个物理理论总是要对所观察的事物进行描述，因此它并不能将观察者自身包含进去。

"因此，这些物理学家认为，为了能描述人类自己，我们必须能够跳出自我来审视自己，而这一点是不可能做到的。所以，万物理论无法实现。"

"现在，关于这一话题，我们到此为止。否则，我们将会坠入无底的哲学深渊。这固然发人深省，但却超出了我们的研究范围，"约翰继续说，"抛开这些底层逻辑问题不谈，人们当然有理由发问：人类在某一特定时期所信奉的物理理论，在他们所宣扬的适用领域内，是否的确是对现实的完整描述呢？这正是 EPR 论文提出的关于量子力学的疑问。"

"那我们如何才能看得出一套理论是否完整呢？"爱丽丝问道。

约翰回答道："EPR 论文告诉我们，我们必须审视物理现实。爱因斯坦是一位现实主义者，他所秉持的一则基本信条是：的确有一种客观现实状况，它不因我们而存在，也不因我们是否观察它而存在。"

"EPR 论文认为，一套理论要做到完备，'物理现实的每一个要素都必须在物理理论中存在一个对应量'。"说着，约翰指向了 EPR 论文第一页（见图 20）中的这句话。

"这就很难理解了！"鲍勃打断说，"这些物理现实要素是什么呢？我又如何知道它们究竟是物理现实还是其他形式的现实呢？"

"这的确不好理解，"约翰说，"我的理解是，EPR 论文在这里所指的要素只是我们在周围所能看到的东西，也就是我们能够谈及的任何现实存在的事物。比如，物理现实要素所指的就是像黑板、人体等这样的物体。"

"对此，就连爱因斯坦、波多尔斯基和罗森三人自己也有共鸣。他们认为，对于物理现实要素，人们不能仅通过思想去发现，而'必须通过测量去发现'。因此，拿我们眼前的例子来讲，这块黑板之所以成为物理现实要素，是基于我们能够描述它的特征。我们可以对其进行测量，比如说确定它的颜色及其他一些特征。所以，EPR 论文也提出了几个基本问题：我们何时才能看到现实要素？我们又如何知道眼前就是现实要素？的确，对于现实是什么，很难给出一个完备的定义，EPR 论文甚至没有去尝试它。但是，EPR 论文却给出了一个关于现实要素存在的著名的判定标准。这一标准是充分的，而不是必要的。"

"这一点我一直迷惑不解，"爱丽丝打断说，"你所说的'充分标准'是什么？'必要标准'又是指什么呢？上课时教授们一直在讲这两个标准，可谁也没给我们解释过它们是什么。"

约翰回答说："说得好。一般来说，标准能够使我们识别某一事物。比如，你怎么才能确定你的面前站着一头大象呢？"

说着，约翰指向了他之前在帆布上画的一头大象（见图22）。

图22　为了阐明充分和必要标准的概念，约翰指出了大象的各种特征，这些特征可用来确立大象是一个现实要素的事实。

"真没想到，你还擅长作画。"爱丽丝惊讶地说。

约翰有些不好意思地说："呃，我一直都对艺术感兴趣，我甚至差点成为艺术家。但是，鬼使神差的是，我的科学偏好最终占据了上风。还是再让我们回到这头大象吧。嗯，大象之所以为大象，它得有四条腿、一根象鼻子、两只大耳朵和两根象牙。同时，它的颜色还得是灰色，而且体格硕大。如果你眼前站立着一只具备这些特征的动物，你便会确定它是一头大象。"

"可它也不一定要具备这些特征啊，"鲍勃说，"比如说，有许多大象便没有象牙，因为它们的象牙被人割掉了。"

"还有，"爱丽丝补充道，"对于小象来说，它们也不一定要体格硕大。"

"完全正确！"约翰说，"刚才我所说的是充分条件。也就是说，如果一只动物有长鼻子、四条腿、体形巨大、通体灰色，且长有长牙和大耳朵，那我们便可以确定这是一头大象。然而，一头大象却并非一定具备所有这些特征。它可能失去了一条腿，或者它是一头幼象。因此，这些标准中没有哪一条是必备的，但它们合在一起时，便足以使我们确定，面前的动物就是一头大象。"

"我真的有些好奇了，"鲍勃说，"EPR 论文是如何描述现实要素的标准的呢？"

"等一下，"约翰回答说，"我最好把论文的原文读给你们听。"

现实标准

约翰再次拿起了 EPR 论文第一页的打印稿，大声朗读起来（见图 20）：

"如果，在不对系统造成任何干扰的情况下，我们可以确定（即概率等于 1）地预测一个物理量的值，那么就存在一个与这一物理量相对应的物理现实要素。"

"这里，像 EPR 论文原文一样，也使用了斜体字。他们认为，他们给出的定义极其重要。实际上，它听起来有点深奥，这可能就是爱因斯坦在给薛定谔的信中所说的知识的堆砌掩盖了问题，"约翰说，"这个标准听起来颇为高深和乏味，而实际上它并不复杂。下面我们用简单的语言来分析一下它到底说了什么，又到底暗藏着什么玄机？"

"首先，什么是'确定性预测'呢？对此我们必须谨慎思考，以免引起误导。物理学家的预测，并不等同于先知们的预言，因而也并不意味着未卜先知。它其实很简单，指的就是找出可能的测量结果。换句话说，'预测'的意思是事先基本知道某一观测的结果。

"我来举一个简单的例子。我们知道，当我们在一个月明之夜走出家门时，抬头便会望见一轮明月。我们事先便可以确定地预知，如果某一时刻我们移开视线，等再望天空时，便又会目睹这轮明月。这里面便存在着一种现实要素，我们通常将其称为月亮。物理学家则会更进一步，认为月亮在天空中的位置便是我们能够预测的一个物理量。"

"但是，"爱丽丝打断说，"没有人能够精准预测这一位置。其中总会存在一些不确定性。我们无法确切知道月亮的准确位置。"

"说得好，"约翰回答说，"你说的很对。这便牵涉到物理学观测的一个重要特征，即我们无论何时对任何一个物理量进行测量，总会存在一定的不确定性。没有任何一种测量仪器是绝对精准的。因此，如果我们要预测月亮的位置，我们便必须确定它在某一特定时刻的位置，并根据这一信息计算出它未来的位置。"

"实际上，"鲍勃说，"我记得，要准确计算出月亮未来某一时刻的位置，我们需要知道月亮、太阳、地球及所有其他行星的位置。"

"是的，"约翰点了点头，"你说的不错，这类测量总会存在一些误差。因此，我们不可能完全准确地预测月亮的位置，但却可以通过足够精准的测量确保航天员登上月球。我们能够足够精准地计算出探月飞船的轨道，助力航天员成功登陆月球。不过，简单来讲，精准预测并不意味着没有测量误差。"

"那么，"爱丽丝问道，"你前面为什么说这仅仅是一个充分标准，而不是必要标准呢？"

"嗯，显而易见，"约翰回答说，"现实要素有时候会现实存在，但我们却无法确切预测一个物理量的值。原因可能是，对于未来发生的事情，我们很难确定。更糟的是，我们对于未来事件甚至一无所知。比如，我们可能将来都会遇到我们人生中的贵人，可我们此刻却无法预知这个人会是谁。此时，这个人便成了一个现实要素。EPR 论文没有涉及这一情况。然而，对于与你年龄相仿的你的贵人，不管是谁，此刻已然存在，已然是一个现实要素。不过，爱因斯坦、波多尔斯基和罗森确信，如果你能够精准预测某件事情，那么你便有理由认为，存在一个与其相关的现实要素。"

爱丽丝、鲍勃实验中的现实要素

"可是，这些东西与我们现在做的实验又有什么关系呢？"鲍勃问道，"我们哪里能用到这个所谓的'精准预测'呢？"

"好吧，让我们来尝试一下，将 EPR 论文中关于现实要素的观点运用到我们的实验里，"约翰回答说，"第一天，你们发现，你们的单次测量结果毫无规律。红灯和绿灯亮起的概率相同，而这并不取决于你们各自开关的设置，也就是说，与它们是处于正位、零位还是处于负位无关。因此，我们可以断定，EPR 论文定义下的现实要素，并不能被运用于单次测量结果，但这一现实要素依然可能存在。"

"是的，第一天我们的确发现了这一点。也许你刚才的话正说明了我们备感受挫的原因！"爱丽丝笑着大声说，"实际上，我们无法知道的是，某些现实要素究竟是否真的隐藏在我们的观测中。不过，第二天，情况便好了很多。"

"是的。"鲍勃表示赞同。"第二天，我们发现，我们的测量结果完全相关。只要我们选择相同的开关设置，便会得到相同的观测结果，或红或绿。但是，我看不出这与 EPR 论文的现实标准有什么联系。"鲍勃皱着眉头说。

三人坐在那里，陷入了沉思。约翰没有说话，因为他希望爱丽丝和鲍勃能够独立找到答案。他提示他们说："你们想一下，一旦你们知道了一个结果，那么你们在另一侧会得到相同的结果，这究竟意味着什么呢？"

"我知道了！"爱丽丝抢着说，"一旦我知道了我的结果，在我们二人开关设置相同的情况下，我便能够精准地预测鲍勃那头的结果。比方说，当我的开关处于正位时，我的绿灯亮起。由此，我便能准确判定，此刻只要鲍勃的开关同样处于正位，他那边一定也是绿灯亮起。"

鲍勃补充说："你说的对！由此，我们便可以将 EPR 论文关于现实要素的定义运用于此，因为我们两人都能准确预测对方的结果。现在一切都清楚了！"鲍勃拍了拍脑袋，又说道："我们怎么就早没想到呢？如果我的绿灯亮，我便会知道爱丽丝的绿灯同样会亮。"

"如果我的开关与你的开关设置相同的话……"爱丽丝补充说。

"等一下！"爱丽丝突然大叫了起来。"我忽然想起了一点，就是关于我们实验中所要对付的那个物质。我们知道，发射源产生的物质沿着光纤被发送到我们两人的实验室。因此，它一定是一种光脉冲，一种从发射源发射出的成对脉冲。然而，匡廷格教授告诉过我们，我们做的是一个量子实验，这些脉冲实际上可能只是单个的光子而已。"她得意扬扬地总结道。

"太精彩了！"鲍勃兴奋地说，"发射源产生的一定是成对的光子，其中一个光子发送给你，另一个发送给我。从这种模式中，我们便能够很容易理解为什么我们要记录这些双生粒子了。并且，我们同样能知道，我们为什么并不是一直能够捕捉到这些光子对。光子可能会在中途走失，或者说，探测器并非十全十美，不是每次都能捕捉到与其相遇的光子。也就是说，有些光子丢失了，有些并没有被探测到。"

"恭喜你们！"约翰大声说，"你们对这次任务的认识更加深入了。我早就知道，你们早晚会发现其中的奥妙。我们何不现在就去地下室，看一下那个发射源？现在，我可以带你们去看那里了。"

"太棒了！"爱丽丝和鲍勃说，"我们是需要四下里转转看了。"

地下室里，约翰打开了盒子（见图23），的确就是那个盒子——光子对的发射源。随后，约翰对盒子的构成做了详细的讲解。

"它看上去并不复杂。"爱丽丝说。

"的确挺简单，"约翰骄傲地解释道，"然而，为了让其如此简单，人们恰恰需要花费好几年的开发时间。既然你们已经知道了发射源的样子，你们目前所要做的，就是去解释两侧实验室测量结果之间的关系。比如，你们需要思考一下，当你们的两个实验室选择了相同的开关设置时，为什么你们总会得到相同的结果呢？”

图23　纠缠光子发射源。一台激光器（左上方）产生一束蓝光，蓝光进入图中部的一块晶体。在这里，红色的纠缠光子对生成。然后，这些光子对被重新定向，最终被分别导向两侧的光纤（左下和右下）。

“嗯，”爱丽丝想了想说，“对于每一个光子，我们都会有两种可能的结果，要么红灯亮，要么绿灯亮。同时，我们又有三种不同的开关设置。光子的哪一种属性会出现两个可能的值呢？"

"我想起来了！"鲍勃大声说，"你还记得教授在讲座中讲的光的偏振吗？我们学习了光子存在垂直偏振和水平偏振两种可能。因此，也许我们现在所做的，正是对光子偏振方式的测定。比如说，红灯亮的测量结果对应的是水平偏振，而绿灯亮的结果则对应垂直偏振。"

"你们又说对了，"约翰说，"不过，你们现在还需要搞清楚开关设置的真正含义。"

"嗯，"爱丽丝若有所思地说，"教授在课上给我们讲过如何通过改变偏振器的方向而得到不同的测量结果。因此，开关的这三个位置——正位、零位和负位——代表着偏振器的三个偏转方向。"

"又说对了！"约翰说。"零位对应的是零度角，正位对应的是偏振器向左旋转 30 度角，负位对应的是偏振器向右旋转 30 度角。"

"咱们的设备一定是带有两个出口的偏振分束器，"鲍勃说，"因为我们得到的是两个结果。"鲍勃走到黑板前，画了一张简图（见图 24），标明了发射源的布置原则以及他和爱丽丝双方的偏振分束器。

"显然，光子对的初始偏振方式是相同的。因此，当两个偏振器的偏转角度相同时，或者说当我们测量相同类型的偏振时，光子对在两侧实验室会激发相同的结果，或红灯亮，或绿灯亮；它们或发生水平偏振，或发生垂直偏振。"

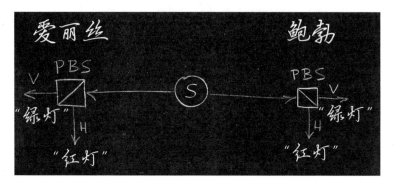

图24　爱丽丝、鲍勃实验基本原理。发射源（S）发射出成对粒子。爱丽丝与鲍勃用偏振分束器（PBS）进行偏振测量。其中，水平（H）偏振的结果会激发红灯亮，垂直（V）偏振的结果会激发绿灯亮。同时，通过围绕入射光束旋转偏振器，爱丽丝和鲍勃便可以改变每个偏振器的方向。

　　"也就是说，我们最终弄清楚了其中的奥秘，"爱丽丝说，"我们的项目可以告一段落了。"

　　"是的，"鲍勃点头说，"如果你的偏振器不处在零位，而是处于正位或负位，我们的测量结果之间便没有完全相关性。但是，我甚至可以预测正、负位下你的探测器灯亮起的概率。因此，目前我们基本能做到对测量结果进行解释了。"说完，鲍勃得意地笑了起来。

　　"的确如此，"约翰对鲍勃说，"有了这一偏振模型，你便可以对你们全部的测量结果有个解释了。你所要假定的是，对应着选定偏振器的方向，对一个光子的一次测量会得到某个结果，即它发生水平偏振或垂直偏振。然后，你会看到，另一个光子的偏振情况与第一个相同。同时，如果爱丽丝的偏振器恰好也在同一方向，你便可以明确地预测出她的测量结果。你还可以明确判定红灯和绿灯哪个亮起。如果爱丽丝恰好选择了另一个方向，你便至少可以预测出两个探测器中任意一个亮起的概率。"

"是的，就是这样！"爱丽丝说，"我们的实验结束了，是吗？"

"是的，结束了！"鲍勃说，"我们已经看到，发射源结构非常简单。它发射的两个光子要么均发生水平偏振，要么均发生垂直偏振。如果爱丽丝和我的偏振器方向一致，我们便会得到相同的结果；如果我们的方向不一致，我们便得不到相同的结果。"

约翰大声笑了起来。"这一模型前人已有过讨论，人们称其为法雷假说（the Furry hypothesis），以美国物理学家温德尔·法雷的名字命名。然而实际上，法雷本人并不同意这一假说，并证明了它是错误的。这一假说实际上是被薛定谔当作一种参考和探索方向提出来的。"

"这一设想是错的吗？"鲍勃问，"它怎么会是错误的呢？"

"是的，"约翰回答说，"这一点要靠你们自己去思考了。这会儿我急着去见匡廷格教授。他约了我讨论一下我的博士论文。当然，我得告诉你们，EPR 论文的故事还没有结束。"

约翰话音刚落，鲍勃喊道："你可不能就这样扔下我们不管了！"

约翰回过头，大声说道："你们会找到答案的！仔细想想你们此前做过的测量数据。它们会使你们明白，你们自己的模式为什么是错误的！"

说完，约翰疾步走出了房间。

爱丽丝和鲍勃面面相觑。他俩不停地挠着头，谁也想不出下一步该如何进行。既然约翰已经说了，他俩已经拿到了所需要的数据，因此他们也不必再回实验室了。于是，两人各自拿了杯咖啡，手拿着数据坐了下来。

"约翰告诉我们，仅凭偏振图，我们无法将所有问题解释通。如果将一个偏振器设置在零位，结果将是光子或发生水平偏振，或发生垂直偏振。同时，我们也知道，另一个光子也同样会是或发生水平偏振，或发生垂直偏振。如果另一端的偏振器同样设置在零位，我们便能够确定另一端的测量结果是什么。"鲍勃说。

"所以，"鲍勃继续说，"我们认为两个偏振模式之间一定存在矛盾，但约翰说这不对；我们又觉得可以用偏振来解答所有的疑问，约翰却又说这是正确的。鬼知道他是怎么想的！到底问题出在哪里呢？"

"我搞不懂。但我们可以来仔细想一下，"爱丽丝说，"假如我把我的偏振器设置在零位，那么将有一半的光子会呈现水平偏振，另一半呈现垂直偏振，水平和垂直都是相对于偏振器零度角偏转的方向而言。"

"因此，在这一束光子流中，"爱丽丝继续说，"每一个光子不是呈现水平偏振，就是呈现垂直偏振。现在，一束完全相同的光子流射向你的设备。如果你的偏振器设置在零位，那么我这边那些呈现水平偏振的光子，在你那边则同样全部呈现水平偏振。同样，对于垂直偏振也是如此。"

"因此，"鲍勃信心满满地总结道，"这个模式正确无误。它完全能够解答完全相关性的问题。"

"也许是这样，"爱丽丝说，"我们应当看一下其他出现完全相关性的情况。假如我将我的偏振器设置于正位，那么有一半的光子将会沿着原方向旋转30度角发生水平偏振，另外一些光子则会沿着同方向发生垂直偏振。然后，我便会知道，你那边的光子也将会以同样的方式发生水平偏振或垂直偏振。下面，我们来画一张图（见图25）。借助这幅图，我们便可以很好地解读这些数据。"

"我还是发现不了问题出在哪里。"鲍勃说。

"我也发现不了，"爱丽丝说，"不过，我们还可以分析一下负位30度角的情况。"

"这恐怕没有必要，"鲍勃回答说，"负位30度角与正位30度角是一样的，只不过转了一个角度。"

"不过，我们还是看一下这种情况，再来看这幅图（见图25）。"爱丽丝说道。

"我敢肯定，问题的答案正在向我们招手。我们只是还没有发现。这幅图一定是哪里出了问题。会是什么问题呢？"鲍勃说。

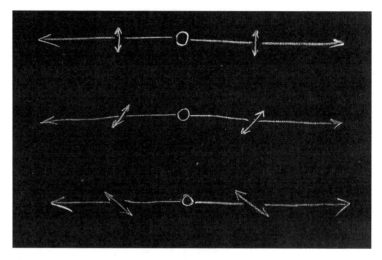

图 25　位于中间的发射源发射出相同既定偏振模式的光子对，其中一个光子向左发射，另一个向右发射。比如，两个光子可以都呈现垂直偏振（顶图），也可以沿着原方向顺时针旋转 30 度角偏振（中图）或者沿着原方向逆时针旋转 30 度角偏振（底图）。

"我知道了！"爱丽丝忽然间大叫着，从座位上跳了起来，"发射源是怎么知道要发射什么的呢？"

"发射源怎么会知道发射什么？没太弄懂你的意思。发射源当然是发射相同偏振形式的光子啊。"鲍勃说。

"对，但是沿什么方向发射呢？发射的光子是水平偏振的还是垂直偏振的呢？是基于零度角方向，正位 30 度角方向，还是负位 30 度角方向呢？"爱丽丝说。

"这并没有什么区别。"鲍勃说。

"不，不一样！"爱丽丝说，"我们来看图！这三部分（见图 25）大不相同，三者全部的不同之处，是两个光子的偏振方向不同。发射源是如何事先便知道偏振器的方向，从而进一步知道发射何种光子的呢？更为糟糕的情况是，假如我将偏振器设置在零度角，而你将这一角度设置在正位 30 度角。由于我们的两个实验室基本相同，所以应该不会发生不一样的事情。那么此时，发射出的光子对会呈现什么形式的偏振呢？是水平偏振还是垂直偏振，是沿着零度角方向还是沿着正位 30 度角方向偏振呢？"

"我懂你的意思了！"鲍勃不由得也兴奋了起来，"总之，发射源必须决定发射什么，并且还必须知道偏振器的方向，从而相机而动。"

"不过，我隐隐觉得，这说明不了什么，我们的两个实验室相距不止几百英尺，可能还要远得多。同时，在实验中我们可以快速变换设置。我们的设置变换速度可以相当快，以至于发射源会应接不暇。比如，我可以将我的偏振器在某一刻设置为零度角，那么此时此刻，发射源会按照零度角的相关要求发射出或水平偏振或垂直偏振的光子。然而，如果此时我将偏振器快速转换到另一个方向，那么突然之间，我所要接收到的光子便已不再会沿着之前的轴向传送了。"爱丽丝说。

"但是，这种情况也许无关紧要。也许，发射源发射出的光子会沿着所有可能的方向发生水平偏振或垂直偏振。我再画一幅图（见图26）吧。"鲍勃说。

"现在我们搞清楚为什么不行了，"爱丽丝继续说，"在所有这些光子对中，仅有其中一部分同时发生水平偏振或垂直偏振。大多数粒子对并非如此。"

图26　一个发射源按次序发射出一系列的光子对。在每组光子对中，两个光子都呈现相同的偏振。但是，不同光子对的两个光子间偏振方向会有所不同。这张图并不能解释爱丽丝与鲍勃的测量结果。

"对，"鲍勃说，"如果我们的偏振器处于零度角，且我们两人都将相对零度角呈现水平偏振和垂直偏振的光子挑选出来，那么很明显，我们两人会得到相同的结果。我们要么都获取水平偏振的光子，要么都获取垂直偏振的光子。不过，现在让我们来重新挑选一下光子对，比如一对沿水平方向旋转30度角偏振的光子。如果此时它们遇到我这边的零度角偏振器，会出现什么情况呢？其中一些光子会进入水平通道，使得红灯亮起，这是我们所期望看到的。可是，还会有一些光子进入垂直通道，使得绿灯亮起。你那边也会是这样，有的光子进入水平通道，有的进入垂直通道。也就是说，有时候你的红灯亮，有时候你的绿灯亮。那么这两盏灯会同时亮起吗？"

"看起来不会，因为一侧的光子不知道另一侧的光子要做什么。我们要记住，教授告诉过我们，量子力学只给出概率。因此，传向我这边的每一个光子必须得确定其沿哪个通道前行。奔向你那边的每个光子同样也是如此。这些光子是独立决定下一步计划的。有时候——实际上在很多情况下——两边会闪起不同颜色的灯。"爱丽丝回答说。

"完美！"鲍勃大声说，"我们的模式没有奏效，仅仅是因为有三分之二的光子偏振方式是无法测定的。正是由于结果无法确定，而是以随机形式出现，因此我便无法明确预测你那边的结果。"

"这个结果太棒了！我们去告诉约翰吧。"

二人兴奋异常，决定去约翰的办公室门口，等约翰回来。不久，约翰面露喜色地回来了。

"匡廷格教授基本上通过了我的论文提纲，并认可了我写的前几章内容。因此，我应该很快就会解脱了，有望在几周之后拿到博士学位。哦，看你们的表情我便知道，你们俩又有事情和我讨论了。进来吧！"

爱丽丝和鲍勃再一次舒服地坐到了约翰办公室的椅子上。他们说刚才有了新的发现，并描述了光子一开始便成对出现，每一个光子都自带固定偏振方式的这一模式，不过，成对的两个光子的偏振方式是完全相同的。然后，他俩又说，他们认为发射源发射的是由多组光子对构成的组合，每对光子都沿着不同的方向偏振。最后，他们告诉约翰，在他们看来，这一模型并不准确，因为它不能将实验中他们看到的完全相关性展示出来。

"我真的要祝贺你们，爱丽丝，鲍勃。你们的思路非常棒，非常清晰。你们完全算得上物理学家了，因为你们已经具备了通过准确运用一个模型去发现结果的能力。"

听到约翰的赞誉之词，爱丽丝和鲍勃感觉美滋滋的。

"但是，"约翰继续说，"你们还将面临一个挑战。我们还需要弄清楚，当两个偏振器的方向相同时，为什么两个光子会有同样的测量结果。"

"是的，这一点的确令人费解，"鲍勃挠着头说，"在实验中，我们已经看到，当对两个光子以同种方式进行测量时，它们会呈现相同的偏振方式。不过，我们还发现，在被测量之前，两个光子并没有呈现这一偏振。如果现在我们就认为，针对单个光子的单次测量，结果是随机的，那么这里面就大有蹊跷了。相距遥远的两个随机过程，怎么可能总会得出相同的结果呢？"

"这正是问题的要害之所在，"约翰强调说，"1935年，薛定谔在回应EPR论文时清晰地解释了这一点。在他看来，我们能够准确预测联合测量的结果，但却不能准确预测单次测量的结果，这一点的确令人匪夷所思。其中涉及一个随机要素的问题。薛定谔认为，这一现象只会出现在量子物理学中，其他情况下都不可能出现。薛定谔将此现象命名为'纠缠'，并将纠缠视为量子物理学的本质特征。"

爱丽丝说："哇，会不会是这样？当我用我的偏振器在某一特定的方向下测量时，我的设备会以某种方式告诉鲍勃的设备我正在测量什么，是这样吗？"

定域性假设

约翰笑道："爱因斯坦、波多尔斯基和罗森也看到了这一点。他们将此现象称作定域性假设。具体描述是这样的：由于在测量的瞬间，两个系统不再相互作用，因此，第一个系统中发生的变化，不会导致第二个系统发生改变。"

"又来了猛料了！"鲍勃脱口而出。

"这并不难理解，"约翰说，"我来详细解释一下。结合你们的实验，他们的观点可以这样去解读：在测量的一瞬间，两个物理系统，即由发射源创立并发送至你们各自实验室的两个光子不再发生相互作用。此刻它们已经天各一方。实际上，我们很容易想象得出，它们二者相距足够远时，任何信号或者任何形式的信息要从一端传递到另一端，都需要较长的时间。我们都知道，任何信号传递的速度都受限于光速。"

"也就是说，我所测量的内容无法通过信息传递的方式通知鲍勃。这可真是奇怪！"爱丽丝感叹道。

鲍勃似乎没有被轻易说服，他说："那我们怎么就能确定事情果真是这样的呢？我们二人的实验室相距并不远，因此一个信号有足够时间传递到我的设备并告知它你在测什么。"

约翰打断了鲍勃的话，说道："原则上，对于你们的实验来说，这的确可能发生。然而，曾经，因斯布鲁克大学的格雷戈尔·维斯与几名同事一起做了一个实验，完全排除了这种可能性。不过，这个实验我们以后再说。此刻我们主要来看一下，了解了这一点能带给我们什么帮助。"

"好的，"鲍勃一边表示赞同一边说，"我觉得你说的很对。在我们的实验中，两个实验室的距离可远可近，信号不会因为在两者间穿梭便受制于它。但是，我们还有个大问题：当我们两人的设备恰好在同一个方向上时，对于我们所观察到的完全相关性，又该做何解释呢？"

"这不能算作一个问题吧？"约翰反驳说。

"不，它即便算不上一个问题，也的确会引起人们怀疑，"鲍勃回答说，"如果我没有记错 EPR 论文里关于现实要素的观点的话，我们可以结合我们的实验来探讨一下。当我在偏振器的任一方向上进行测量时，我能够确切地预测爱丽丝那边的测量结果是什么。她只需将她的偏振器定位于同一方向，便能够证实我的预测。"

"的确是这样，"爱丽丝说，"我明白你的意思。也就是说，我们可以合理地假设，鲍勃的光子所携带的一定是一种物理现实要素。如果我的绿灯亮起，并且鲍勃的开关与我的设置在相同位置，这一要素便会令鲍勃这边的绿灯亮起，而不是红灯亮起。因此，鲍勃的光子一定有什么东西使得他的测量装置做出某种举动，从而令他的绿灯亮起。这一定是光子的某种属性。这一属性也许很容易被发现，我们知道，它不可能是偏振。或者，这一属性也可能隐藏不露，极难被发现，甚至不可能直接被观测到。"

听了爱丽丝的话，鲍勃跳了起来。"哇，我打一个比方，它非常美妙。这就好比决定人体特征的基因。一个人的头发不管是黑色的还是金色的，都是由他的基因决定的。孪生子的情况也是这样。如果两人的头发都是黑色的，那一定是因为他们携带了相同的能够决定头发颜色的基因。"

爱丽丝说："对，我们可以这样去理解。比如，当我们将两个开关都设置在零位时，我们便可以认为，粒子携带了一种零位特质，这一特质能够决定当开关如此设置时是绿灯亮起还是红灯亮起。我们当然可以认为这一特质一定存在，因为我们无论何时以相同方式设置开关，指示灯都会亮起相同的颜色。或者换句话说，两个光子会显示出相同的偏振方式，或者水平偏振，或者垂直偏振。"

"刚才你所说的情况叫作隐变量。这样吧，我现在得把有关隐变量的思想给你们讲一下，"约翰提议说，"我们来设想一下，有一对长相完全一样的孪生兄弟。"

"第一，我们能确定的是，一对孪生兄弟一模一样，他们有着相同的特征。

"第二，考虑到他们会各自成长，我们会意识到，他们从一开始便具备这些相同的特征。他们一出生，便有着相同颜色的头发，相同颜色的眼睛，等等。

"第三，我们知道，这对孪生兄弟之所以长相完全一样，一个最简单的解释便是他们携带着相同的基因和相同的细胞信息。

"这些基因可以被看作这对孪生兄弟的隐藏属性。的确，这些基因遍布于他们身体的每一个细胞。对此，人类曾一度一无所知，直到现代生物学研究发现了基因。因此，正是这些隐藏的基因决定了两个个体的特征。那么，个体特征的形成便是隐藏在基因中的特定信息发生作用的结果。对于长相相同的孪生子，他们的特定信息相同，便使得两人具备了相同的属性。

"但是，个体的属性并不完全取决于基因，同样会受到环境的影响。个体面对的环境实际上早在母体孕育他们时便开始略有不同了。比如说，即便是孪生子，他们的指纹也会不尽相同。个体特征在多大程度上取决于环境，又在多大程度上取决于基因，这一问题目前在科学界仍备受争议。不过，对我们来讲，这一点并不重要。

"对于你们的量子实验，如果能够运用这一点去解释清楚，那是再好不过了，"约翰总结道，"在你们的实验中，当你们两边采用同一种测量方案时，你们测出的是两个光子的相同特性。因此，回到孪生子的例子，其中一种测量方法就是观察头发的颜色。对于光子，我们测量的则是它们在偏振器某一方向下的偏振方式。因此，如果我们的光子也携带某种类似基因的东西，那么将光子对类比为孪生子，便再恰当不过了。实际上，物理学家们早已考虑过这种解释。令人不解的是，这一想法并不适用于量子双生子。量子双生子与孪生子的情况大相径庭。纠缠量子对的一致性并不能用隐藏属性来解释。下面我们来详细分析一下。"

14

约翰论定域隐变量

"现在，我们需要来探讨一下物理学家们称为定域隐变量的模式。生物学里的基因便属于这种模式。"约翰继续说。

"我们要弄清楚的一个基本问题是，测量结果是否能用粒子所携带的未知特征来解释。比方说，如果答案是肯定的，那么当你们两人的偏振器都设置为零度角方向时，每个粒子所携带的指令都会决定其呈现水平偏振还是垂直偏振，从而使得绿灯亮起或红灯亮起。这样的变量是隐性的，因为我们不一定能够直接看到它们。只要以这样一种方式进行，正确的测量结果便会显示出来。另外，我们之所以称其是定域的，是因为爱丽丝这一侧的结果并不取决于鲍勃那一侧发生了什么，而只取决于她装置的定域设置以及她的粒子所携带的隐变量。

"现在，重要的是，你们两人能够在你们希望的任何时候选择偏振器的方向。实际上，你们可在光子离开发射源之后的一瞬间做出改变。这一点会产生非常重要的结果，即这些隐变量和现实要素在装置的三种设置（正、零或负）下都一定存在，因为不管爱丽丝选择哪一种设置，只要鲍勃的开关设置与爱丽丝的相同，她都能准确预测到，若在她这一侧观察到亮起一盏灯，鲍勃一侧一定会亮起与之相同颜色的灯。因此，只要爱丽丝选择了正向位置并观察到红灯亮起，那么她便可以确定，只要鲍勃的开关同样设置在正向位置，那么他的红灯就会亮起。换句话说，不管偏振器沿什么方向，两个粒子一定会做好呈现出一个确定结果的准备。

"这便引出了一个非常重要的结论，这一结论甚至引起了爱因斯坦、波多尔斯基和罗森的注意。实际上，爱丽丝和鲍勃的两个测量站可以相距很远。在极端情况下，两者甚至可以相距许多光年：一个测量站位于地球，另一个位于某一个遥远的恒星，而发射源则位于两者之间。至今，这一实验尚未进行。但是，我们有理由相信，将来某一天，人类一定会进行这一实验。按照我们目前的认知，这一实验的结果与现在实验的结果不会有什么两样。"

"这样说来，我们又回到了 EPR 论文中的定域性假设。"爱丽丝说。

"你说的对，"约翰回答说，"爱丽丝，你所预测的现实要素，与鲍勃是否选择与你相同的开关设置无关。甚至，系统是否会携带这一附加的现实要素，与鲍勃是否愿意做这个实验都完全无关。"

"同样，我们的两个粒子一定会携带相同的隐藏属性，从而决定在三种设置（正、零或负）情况下会亮起哪一盏灯。而这与我们是否观察它们无关。简单来讲，正如我的同事迈克尔·霍恩曾经说过的，我们可以认为两个粒子都携带着一串指令，这些指令能够在粒子遇到某一特定方向的偏振器时，告诉粒子下一步该如何做。显然，对于偏振器的每一个方向，粒子都会携带一条必要的指令。因此，如果我们将这些方向限定于正向、零向和负向，这一串指令表可能会是这个样子。"说着，约翰在黑板上写了一行字（见图27，第一行）。

"下一个粒子会是这样，"说着，约翰在黑板上写下了第二行字（见图27，第二行），"然后是第三个粒子（见图27，第三行），依此类推。每个粒子都携带这样的明确指令。"

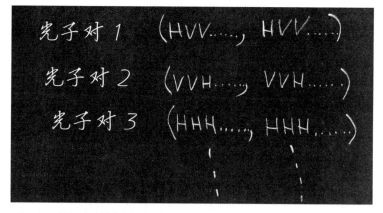

图27 以获得完全相关性为目标的三组光子对的指令表。每个光子都携带指令，适用于偏振器所有可能的方向。指令能够指示光子在既定的偏振器方向下，按水平方向偏振还是垂直方向偏振。图中括号内，逗号前面指的是光子对中第一个光子携带的指令，逗号后面指的是第二个光子携带的指令。第二个光子携带的指令总与第一个光子的一致。不过，发射源所产生的不同的光子对，其指令也不同。比如，第一行对应的情况是，当遇到一个方向为正30度角的偏振器时，两个光子都呈现水平偏振；当遇到零度角或负30度角的偏振器时，两个光子则呈现垂直偏振。

"的确，两个粒子的这些指令很显然是一样的，"爱丽丝说，"每个粒子都会按照对应表中的指令踏上自己的旅程。"

"是的，的确如此，"鲍勃说，"当一个粒子遇到偏振器时，它会核实偏振器的方向。然后，粒子会查看自己的指令表，并做出去哪一台探测器登记的决定。"

"这种解释方式非常简洁明了，"约翰继续说，"但原则上，隐变量的确是按这种方式发挥作用的。每个粒子所携带的属性都定义了它在何种测量情况下产生何种结果。因此，完全相关性便可以简单解释为两个粒子的隐变量完全相同这一事实。同时，由于粒子一开始并不知道将要面临哪一种测量方式，因此所有粒子都会携带适用于所有可能测量方式的指令。"

"这听上去似乎无懈可击，"爱丽丝说，"有些复杂，但的确能解决问题。"

"然而，还有一个坏消息，"约翰继续说，"尽管这些理论对人类的孪生子极为适用，但它们却并不适用于纠缠量子粒子。这使我们的整个研究有了极大的挑战性。约翰·贝尔发现，当我们对这一模式所预示的内容进行推算时，它并不适用于所有可能测量模式下的量子力学。关于这一点，我们找机会另行讨论。我之所以告诉你们这一点，是因为这一模式能够解释你们所得到的完全相关性。它阐明了当你们两人的偏振器方向一致时所发生的情况。但是，它并不能解释所有可能的相关性。"说完，约翰结束了他对这一模式的总结。

约翰说完后，房间里一度鸦雀无声。过了一会儿，爱丽丝试探着问道，"您葫芦里到底卖的什么药呢？我们之前有过一个美好的解释，就是运用偏振的那一个，后来我们亲自将它否掉了。而现在，我们又有了一个美妙的说法，比前一个更加完美，可你却再次毙掉了它。你这一套还要持续多久？"

"别急，"约翰安慰爱丽丝说，"你们很快就会看到黎明的曙光，并将很快学到一堂关于自然界的深刻课程。不过现在，你们还是要靠自己去探索。"

爱丽丝与鲍勃一头雾水地离开了约翰的办公室。隐变量假说怎么会是错误的呢？他们只要将装置进行相同设置，便会得到相同的结果。而两侧出现相同的结果，背后却没有一个体系能够具有某种性质，来决定结果应该是什么。这又怎么可能呢？如果这一假说错误，那么正确的解释又会是什么呢？另外一种解释这些结果的说法，只可能是在两套装置之间存在某种隐秘的交流。但是，根据 EPR 论文中的定域性假设，对于距离遥远的设备而言，这种通信方式可以被排除。正如约翰所说的，如果一台设备位于地球，另一台设备位于某一个距地球遥远的星体，那么两台设备互传信息要耗费数年的时间，因为任何事物的速度都不会超过光速。想到这里，爱丽丝与鲍勃两人感觉再一次深陷泥沼，寸步难行。

鲍勃说："我们不明白的是，约翰说这一解释是错误的，他到底要表达什么呢？我们给他打个电话吧。"

约翰刚接起电话，爱丽丝便单刀直入地说："我们是否应该像上次一样，纯粹通过凭空想象来证明我们的假说是错误的呢？"

"不是的，"约翰说，"你们可以再测量几次。"

"可是，"爱丽丝叹了口气，"这次我们真不知道该测什么了？我们已经观察到了两个偏振器方向平行时的完全相关性。而后，我们又发现，当两套装置的设置不同时，便不可能出现完全相关性。那现在我们还能做什么呢？"

约翰神秘地说："此刻我不能告诉你们该做什么。你们应当自己去寻找答案。提醒你们一点，你们至今尚没有考虑到所有的可能。记住，你们可以自由选择开关的设置，还可以清点光子的数量。"

鲍勃回答说这些对他来说都毫无意义。然而，约翰却没有再次提醒他们什么。

15

爱丽丝和鲍勃实验扑朔迷离的结果

于是，第二天也就是星期四的早上，爱丽丝和鲍勃勉强见了面，全然不知他们下一步要测什么。

"我们已经测完了你我设置之间所有可能的组合，"爱丽丝先开了口，"因为我们要弄懂我们的装备，就得先做这些。那么接下来怎么办呢？"

"我们来回想一下吧。周一的时候，我们每人都测量了各自一侧的光子，随后发现测量数据并没有规律。后来我们明白了，这是因为我们不知道测量单个光子的规则。因此，我们的数据结果全是随机的。"鲍勃说。

"周二，我们发现，"爱丽丝说，"我们的光子是由发射源以成对形式发射的，尽管我们的探测器只能捕捉到大约五分之一的光子。"

"到了周三，"鲍勃说，"我们发现，当我们两人按照同一方向测量偏振情况时，我们会得到相同的结果。因此，当我们在各自设备上恰巧选择相同的设置时，我们发现了完全相关性。等一下！我们并没有注意到你我选择不同设置时的测量结果。也许我们应该看一下那些数据。"

爱丽丝并不以为然。"那些数据能说明什么呢？我们已经知道，它们全都是随机的。我的红灯亮时，只要你的设置与我的不一样，那你那边便可能是绿灯亮，也可能是红灯亮。"

"不过，这一点我们现在已经弄清楚了，"鲍勃接着说，"因为我们知道，如果你将装置设置在零位，即你将偏振器方向设为零度角来测量一个光子，那么光子的偏振要么为水平偏振，要么为垂直偏振，具体取决于探测器最终被触发的通道是哪一个。同时，如果我的偏振器与你的不平行，光子便可能进入两个通道中的任何一个。不过，我们还是需要看一下我们测得的确切数据。"

"那么，也就是说，"爱丽丝让步了，耸了耸肩膀说，"既然没什么别的可做，我们就按你说的做吧。"

于是，两个人决定调取两边设置之间所有可能的组合数据，但不包括两边设置相同时的组合数据，因为他们早已做过设置相同时的分析了。这样，他们要做的便很简单了，只需要把爱丽丝的开关设置于正位，鲍勃的开关设置于零位，并且在计时200秒的时间内数出绿绿、绿红、红绿及红红的出现频率。为了确保数据准确，他们决定把所有的数据测量做两遍。

结果，两人得到了与之前类似的表格。表格共有12张。对于每一个观测到的光子，都有相关的数据条目，内容包括计算机记录事件的时间、设备的方向以及亮灯的颜色。拿着这些打印出来的表格，两人再次一起来到自助餐厅，继续讨论问题出在哪里。

"那么，面对这些乱成一团的数据，我们该做什么呢？"

"嗯，也许，我们首先需要发现两台探测器捕捉到某种物质的时间。"鲍勃回答说。

爱丽丝笑道："我们已经知道，这种物质就是光子。因此，我们就来讨论光子吧。这会使事情变得简单。"

鲍勃也笑了，说道："哦，如果你知道什么是光子的话，那你一定要告诉全世界的人。爱因斯坦一直没发现光子是什么。爱因斯坦在去世前曾经说过：'50年的深入思考并没有使我接近这一问题的答案。何为光量子？今天，就连市井小人都觉得自己知道答案，但所有人都错了。'爱因斯坦先生，请不要气馁，我们的爱丽丝小姐知道答案。"鲍勃开起了爱丽丝的玩笑，继续说："不过我猜想，使用'光子'一词恰恰是解决这一窘境的捷径，尽管我们并不完全知道它为何物。"

"有道理，"爱丽丝被说服了，表示赞同地说，"这可能就是它存在的意义，因为对于我们所见到的东西，我们必须找到一种讨论它们的方式。"

"我们现在唯一能做的，就是根据两边红灯、绿灯亮起的组合情况做一番总结，我们已经知道有四种组合——绿绿、绿红、红绿和红红。"爱丽丝接着说。

"好的，我们来看一下正-零情况下的结果，"鲍勃提议说，"就是当你的偏振器设置为正30度角，我的偏振器设置为零

度角时得到的那些数据。在此情况下对两边分别进行时长 200
秒的测量，我们发现，共有 89 次双方一致。也就是说，一个
粒子在我们二人的装置中被测量过 89 次。其中，31 次结果显
示红红，35 次结果显示绿绿，11 次显示红绿，12 次显示绿红。
这说明什么呢？所有的数字都不一样。"

两人盯了这些数字一会儿。爱丽丝打破了沉默，说道：
"我有一个想法。我们将所有相同灯色的情况加在一起，也
就是 31+35=66；再把不同灯色的情况加在一起，也就是
11+12=23。那么，我们可以说，得到相同灯色的次数大概是
不同灯色次数的三倍。我们应当能够解释其中的数字关系，因
为我们知道两个偏振器的相对角度是 30 度。"

"我懂你的意思了，"鲍勃说，"我的装置在零度角，这就
是说，当我测得的结果为绿时，光子呈现垂直偏振；然后，根
据我的结果，你的光子也呈现垂直偏振。"

"是的，"爱丽丝急切地说，"现在我对这一垂直偏振的光
子在 30 度角下进行测量。还记得教授在讲偏振的课上说的马
吕斯定律吗？它告诉我们，光子在这一 30 度角的情况下，会
呈现垂直偏振，因此被你的绿色探测器捕捉到的概率为 75%。
同时，对于我的偏振器而言，这一光子将会呈现水平偏振，被
红色探测器捕捉到的概率为 25%。这正是我们在通常的测量
不确定度范围内所观察到的结果。"

"这样看来，我们还要看一下其他的结果，"鲍勃提议说，
"也许，接下来我们应该看一下零-正情况下的结果。此时你的

偏振器在零度角，我的在正 30 度角。"

结果发现，零-正实验结果同样符合爱丽丝的推断。当然，数据并不恰好是 75% 和 25%，但却非常接近。对于这个小偏差，两人欣然接受，因为他们早已知道，光子的计数结果很难做到准确无误，它们倾向于小范围内波动。

"也就是说，"鲍勃提议道，"即便再做几次实验，我们仍会得到相同的数字：同色灯亮的情况（红红或绿绿），占 75%；异色灯亮的情况，占 25%。"

他们查看了表格中的数据，发现零-正、负-零和零-负的情况都印证了他们的判断。但是，正-负和负-正情况下的数据，结果却不尽相同。这两种情况下，同色灯亮占 25%，异色灯亮占 75%。

"可现在这已经很好解释了，"爱丽丝说，"原因是两个偏振器一正一负的方向使它们的夹角成了 60 度。正是马吕斯定律阐释了我们的观察结果。"

爱丽丝和鲍勃激动不已。他们已经弄懂了这些测量值的含义。

"好漂亮的数据！"两人身后突然传来了一个人的声音。那是匡廷格教授，此刻他正巧也在自助餐厅。他看到两人头拱着头忘我钻研着他们的记录，便蹑手蹑脚来到了他们身后。他走上前看了看两人面前的那张纸，马上便看出他俩这次分析对了。

"祝贺你们！你们干得真不错！你们的努力获得了应有的回报！"

"可是，这根本说明不了什么！"爱丽丝大声说。

鲍勃接着说："当两侧实验室设置相同时，我们便能观察到完全相关性。由此，我们简单地认为，两个光子一开始便呈现相同的偏振方式。但这一想法并不正确，原因是发射源并不知道要激发哪一种偏振方式。因此，在测量之前，光子便没有任何形式的偏振。而一旦被测量，它们便具备了相同的偏振方式。我对此大惑不解。"

"同时，为了能够解释这些完全相关性，"爱丽丝继续说，"我们便假设粒子携带着某些隐藏属性，即一些能够告诉它们需要触发哪一台探测器的隐变量。但是，约翰却告诉我们，这一想法违背了我们还没学过的所谓的什么贝尔定理。同时，他还让我们继续测量。因此，我们便又测量了其他的相关性。但是，我们很难从中发现有用的结果。我们的想法为什么会与光子携带隐变量的假设相冲突呢？"

教授坐了下来。

"你们已经测到了所有需要的数据。你们可以用这些数据去驳斥定域性隐变量的思想。不过，我还需要告诉你们的是，在众所周知的 EPR 论文发表之后，又过了 30 年，伟大的爱尔兰物理学家约翰·贝尔才做出了一些意义重大的发现。而这些发现正体现在你们测得的数据里面。"

"是的，约翰提到过贝尔定理。这就是它的全部意义所在吗？"鲍勃说。

教授回答说："是的。让我慢慢给你们说一说。"

16

约翰·贝尔的故事

　　"约翰·贝尔（见图28）是一名爱尔兰物理学家，在位于瑞士日内瓦的欧洲核子研究中心（CERN）工作。CERN于第二次世界大战之后建立。二战是一场浩劫。战后，来自欧洲各地的物理学家决定建立一个新实验室，在那里他们能够一起工作，交流思想，为追寻他们的科学梦想而展开合作。通过这种方式，科学家们希望能够建立起相互的信任。这一实验室建在了战后仍保持中立的瑞士，拥有诸如加速器等各类先进的仪器，已经成为世界领先的物理学实验室之一。

　　"贝尔曾经在其家乡爱尔兰的贝尔法斯特学习，1960年进入CERN。他致力于新型加速器的设计以及对加速器的改良和增效。此外，贝尔还一直保持着对基础物理学的兴趣。CERN实验室建立时，人们并不热衷于对基础物理学的研究。有关这方面的讨论常被认为是'纯粹的哲学问题'讨论，甚至有很多物理学家认为应当放弃这类讨论，因为觉着其不合时宜。

图 28　埃尔温·薛定谔（上左），1942 年前后，在爱尔兰都柏林附近的海边；阿尔伯特·爱因斯坦（上右），1953 年，于普林斯顿；约翰·贝尔（下），1982 年，乘坐 Liliput-Bahn（维也纳普拉特游乐园的儿童火车）。

另一个普遍的共识是，尽管对于物理学家们来说量子力学难以理解，但所有的重大问题早已被创立量子力学的巨匠们解决了，比如薛定谔、玻尔、海森伯以及英国人保罗·狄拉克。

"贝尔关于量子力学的担忧并没有得到物理学界的重视。当时人们的态度是，如果有人的确需要了解这些论点，他们完全可以去查阅这些开山鼻祖的论文。而贝尔也是这样做的，并从中发现了惊喜。

"1952年，物理学家戴维·玻姆提出了隐变量理论。这一理论已经超越了量子物理学的范畴。"

"我们听说过隐变量，"爱丽丝抢着说，"约翰告诉过我们，隐变量并不适用于完全相关。我们至今没搞清楚原因何在。"

"可隐变量理论到底是什么呢？"鲍勃问。

"好的，"教授说，"接下来我会解释一下它为什么不适用于你们的实验。不过，我们首先需要知道什么是隐变量理论。量子物理学只做统计学上的预测。"

"不对，不是这样，"爱丽丝打断教授的话说，"我们就实现过完全相关。如果鲍勃的偏振器恰好和我的偏振器处于同一方向，那么每当我得到某个测量结果，我便能够确切预测鲍勃那边的结果。因此，这已经不再是统计学上的预测了。"

"非常好！"教授说，"但有例外的情况。不过在大多数情况下，我们无法真正地准确预测一个粒子将会出现在哪一台探测器里。因此，这些统计学上的预测总会使人不安，最早从爱因斯坦便开始了，他对在基础理论中出现这种随机性心存芥蒂。

确定性的隐变量理论只是克服这种随机性的一种方式。这一理论认为，每一个粒子都携带着一些附加属性，这些属性能够决定粒子选择哪条路径，遇到光学元件时会做何反应，或者粒子是否能够触发探测器。"

"这些附加的属性便是所谓的隐变量，因为我们认为我们无法直接观察到它们。我们看到的只是间接结果，因为正是隐变量决定了许多粒子的统计数据。换句话说，在一个来自某个发射源的许多粒子的集合中，隐变量可能以不同的方式分布在它们中间，但每个粒子的行为都是由其隐变量决定的。最终，当我们观察许多粒子时，量子力学的统计学预测便会恢复。"

"这个想法听上去不错，"鲍勃回答说，"因为这样的话，我们便不必再去担心什么随机性和可能性了。"

"是的，这个想法是不错，不过，让我们再回到正题，"教授说，"当贝尔听说玻姆提出的这一隐变量理论时，不禁忧心忡忡，因为20世纪30年代，著名的美国（原匈牙利籍）数学家约翰·冯·诺伊曼便已经证明了这一理论在数学上并不成立。因此，要么是诺伊曼错了，要么便是玻姆错了。"

"这个问题立刻激起了贝尔的兴致。他仔细研究了诺伊曼的论文和玻姆的隐变量理论，随即做出了两项足以影响物理学发展的重大发现。首先，他证明了冯·诺伊曼的原始证明是错误的。伟大的数学家冯·诺伊曼所做的假设在物理学中并不存在。在这里我们不必细究他做了哪些假设，美国物理学家戴维·默明说，诺伊曼的这些假设完全是'愚蠢不已'的。

"另外一个故事发生在出生于奥地利的物理学家、诺贝尔奖得主沃尔夫冈·泡利和冯·诺伊曼之间。一天，冯·诺伊曼兴奋地告诉泡利，说他能够证明一个重要的观点。据说，素以刻薄著称的泡利回答说：'如果物理学仅仅是能够证明一些东西的存在而已，那么你会成为一名伟大的物理学家。'尽管泡利一点儿不客气，但却言之有理。物理学往往靠的是直觉，而并不仅仅是靠数学证明。

　　"不管怎样，贝尔推翻了冯·诺伊曼的证明，从而打开了通往研究隐变量理论的大门。该理论可能会超越量子力学的范畴。因此，玻姆的理论并没有错。实际上，玻姆所说的是，单个粒子会遵循确定的轨迹。它既有位置，又有动量，也就是说，它每时每刻都有明确的速度，就像一个滚动的弹珠一样。问题在于，量子力学认为，每个粒子不可能同时拥有位置和动量。这便是海森伯的不确定性原理了。因此，问题在于，玻姆是如何绕过这一点的呢？他认为，粒子受到某种额外的力（一种'量子势能'）的作用，使它们最终能够处在量子力学所能预测的位置上。

　　"这一切似乎天衣无缝，甚至还能用来解释双缝干涉实验。"

　　"是的，就是它了！"爱丽丝说，"这便是我们这个实验的意义之所在了！"

　　"的确，问题就在这里，"教授回答说，"玻姆的理论认为，从一个发射源同时发射的两个纠缠粒子的量子势能有一个令人匪夷所思的特性，那便是一个粒子直接取决于另一个粒子，无论二者相距多远。换句话说，如果，爱丽丝，你测量了你这边的光子，发现它呈现水平偏振，那么在一瞬间，这一测量行为便以超光速的速度改变了鲍勃一侧光子的量子势能。这种势能的非定域性，即便在今天也并不为大多数物理学家所接受。因此，他们并不接受玻姆的理论。当然，其中还有一些其他技术细节方面的原因，这些你们就不必再去深究了。"

"因此，当贝尔发现冯·诺伊曼的证明并不成立，并看到了玻姆的非定域性隐变量理论之后，他开始思索定域性隐变量理论在原则上是否成立。这个理论没准行得通，其中没有即时传播的非定域性。

"贝尔的工作从 EPR 论文开始。他想知道一个遵从 EPR 论文假设的理论在数学上是否可行。为此，他写了一篇题为《论 EPR 佯谬》的论文，并于 1964 年发表在了于纽约新创立的《物理学》期刊上。不过，这一期刊好景不长，一年之后便停刊了。

"在这篇论文中，贝尔首先从完全相关性和 EPR 论文的现实标准论起，从而引出了对隐变量的讨论。然后，通过 EPR 论文的定域性假设，他证明了任何建立在这些观点之上的理论都与量子物理学的预测相矛盾。想一下你们的实验吧！你们的结果与量子物理学一致，但按照贝尔的观点，你们所发现的数据是无法解释的。在你们的模型中，每个粒子都携带指令，这些指令告诉粒子在任一可能的测量方向上应当水平偏振还是垂直偏振。这正是贝尔所排除的那种定域实在论。"

匡廷格教授盯着爱丽丝和鲍勃的数据表，继续说："另外，你们的数据还有一个问题。你们现在只有数字，即关于事件次数的数字。你们看得出其中的规律吗？很明显，这些数据有些偏差，因为发射源有时候可能会多发射或少发射几个粒子，因此你们两侧得到不同结果的数量会时高时低，得到相同结果的数量也是如此。不过，你们能发现你们得到的平均数字是多少吗？"

爱丽丝会心地笑了起来。此刻，她那只早已将一缕头发搓成小辫儿的手停了下来。"是的，我们看到了！其中是有规律的。"

鲍勃急切地插话说："大约有四分之三的结果属于一类，另外四分之一属于另一类。"

说完，两人将他们基于马吕斯定律计算出的结果拿给教授看。

"干得真不错！"教授说，"你们发现的正是理想的结果。我之所以知道这一点，是因为我了解发射源的设置原理。在正-零和零-负设置情况下，25% 灯色是不一致的，75% 灯色是一致的；在负-正的情况下则正好相反——75% 不一致，25% 一致。在两侧设置完全相同时，结果应为没有不一致，100% 一致。这里，我看到了你们两侧设置完全相同的测量结果。"

鲍勃说："那么，按照贝尔的观点，这个 25% 和 75% 就与定域实在论相矛盾了吗？"

"的确如此！"教授大声说，"一个哲学立场竟然能被实验观测所推翻，这绝对不可思议。美国哲学家和物理学家阿布纳·希莫尼曾说过，他很高兴看到，人们能够通过实验来推翻哲学立场。现在我们所面临的情况就是这样。人们同样也做过你们的这类实验，其结果是明确推翻了定域实在论。"

"当然，你们要自己发现二者之间是如何产生冲突的，这绝非易事。贝尔曾经写过一篇面向更广泛读者的题为《波特曼的袜子与现实的本质》的论文。在这篇论文的一开始，贝尔写道，他发现他来自维也纳的物理学家朋友莱茵霍尔德·波特曼总是穿不同颜色的袜子（见图29）。假如你看到他其中一只袜子的颜色是粉红色，那么你便能确定另一只一定不是粉红色。你之所以能猜对，仅仅是因为你知道波特曼每天早上都会这样穿袜子。如果他穿的是量子袜子，那么它们在被观察之前便不会有任何颜色，但却总是不同。"

"因此，我也写了一篇致哲学家的短篇论文，并把它放在了我的办公室里。在这篇论文中，我给出了一个简单版本的对贝尔定理的快速推导。在推导过程中，我基本上遵循了同为诺贝尔奖得主的匈牙利裔美国物理学家尤金·维格纳的观点。在贝尔定理刚一出现时，维格纳是少数几个瞧得上它并且为它欢欣鼓舞的人之一。他找到了一个数学证明，该证明比贝尔自己最初给出的证明简单得多。也许你们什么时候来我办公室，我会给你们一份。如果我不在，你们可以找我的秘书要。"

爱丽丝叹了口气说："可我们都还没毕业呢！我们可看不

懂复杂的数学推导。"

粉红色 →

非粉红色 →

图 29 来自维也纳的物理学家莱茵霍尔德·波特曼总是穿不同颜色的袜子。如果你看到他穿的一只袜子，便会知道另一只袜子一定不是这样。如果波特曼穿的是量子袜子，那么这两只袜子只有在被观察时才有颜色，但我们以为它们只是一双普通的袜子而已。袜子的颜色之所以不同，是因为波特曼博士一早起来就是按不同颜色来穿的。本图由约翰·贝尔所画，他曾与波特曼博士共事多年。

　　教授安慰他们说："我的证明过程完全没有用到数学。我的证明是写给开会的一帮哲学家看的。因为我本人并不是哲学家，所以其中的哲学论点也并不复杂。实际上，相较于上一版，这一版又有了一个小小的改进，这要归功于我这篇论文德语版的一位读者。这位读者是一名商人，自然就不懂物理学。但是，他教给了我一种简化论据核心点的方法。因此，爱丽丝，鲍勃，我觉得你们一定能够看懂这篇论文。更重要的是，你们可以拿这篇论文的某些结果去对比你们的真实实验数据。"

下午，爱丽丝与鲍勃来到了匡廷格教授的办公室，每人拿到了一份教授的短篇论文副本。

17

出乎意料的爱丽丝与鲍勃

读完了匡廷格教授的论文（见附录），鲍勃将它放在一边，长叹了一口气。

"这的确写得引人入胜，可它与我们的工作有何相干呢？我们所面对的可不真是一对孪生子啊！"

爱丽丝则要沉稳得多。她快速翻阅着匡廷格教授的论文，停在了纠缠光子对的贝尔不等式那一页上。"这一页有我们需要的东西，"爱丽丝说，"这里提到，第一个光子显示 H 偏振、第二个光子显示 H' 偏振的光子对数量，要小于或等于第一个光子显示 H 偏振、第二个光子显示 H" 偏振的光子对数量与第一个显示 H' 偏振、第二个显示 V" 偏振的光子对数量的和。"

"是的，"鲍勃继续说，"这便是贝尔不等式。在论文中，匡廷格教授仅通过假定单次测量结果由定域性隐变量决定便推导出了它。我们现在所要做的，就是要确定出 H、H'、H" 及 V" 与我们实验中的设置和结果的对应关系。"

"也许，"爱丽丝说，"我们应当简单地将 H、H' 和 H" 对应于红灯结果，V" 对应于绿灯结果；同时，我们将 H、H' 和 H"（V"）的偏振器方向分别对应于开关设置的正位、零位和负位。"

爱丽丝继续说："然后，我们考虑下面三种同时发生的情况便足够了。一是我这一侧红灯亮你那一侧红灯亮、我这一侧开关正位你那一侧开关零位的情况，二是我这一侧红你那一侧红、我这一侧开关正位你那一侧开关负位的情况，三是我这一侧红你那一侧绿、我这一侧开关零位你那一侧开关负位的情况。按照贝尔的观点，第一种同时发生情况的次数一定经常小于另外两种同时发生情况的次数之和。"

鲍勃快速回忆起了数字。"我们知道，第一种同时发生的情况次数占 75%，第二种和第三种情况各占 25%。按照贝尔理论的话，我们应当得到——"说着，鲍勃写下了：

$$75 \leqslant 25+25$$

"不对啊！"两人兴奋地说。

鲍勃说："我们终于证明了定域性假设是错误的。我这边的结果同样取决于你那边对光子做了什么，反之亦然。"

爱丽丝反驳说："不，我们证明的是，不首先进行实验，现实便并不存在。"

"实际上还有其他几种可能。"鲍勃说。

此刻，匡廷格教授再次慢步过来，看两人在做什么。听到了教授的声音，爱丽丝和鲍勃转过了身。

匡廷格教授说："另一种可能性是，反事实的确定性并不成立。也就是说，讨论没有执行的测量是没有任何意义的，即便在原理上也是如此。因此，按照这一观点，如果你们以偏振器的一个方向去测量一个光子，那么此刻再去讨论假如以偏振器的不同方向去测量这个光子则偏振情况将会如何，是没有意义的。"

"可这简直太不近人情了！"爱丽丝说，"我难道连讨论都不行了？"

"欢迎你们畅所欲言！"匡廷格教授笑着回答说，"实际上，物理学家们也在深度思考这些问题。自从贝尔提出了他的理论，物理学家和哲学家便一刻也没有停止过深度思考。只是时至今日，尚无定论。"

"也就是说，"爱丽丝有些困惑地说，"我们已经知道贝尔不等式被违反了，那么现在我们该怎么做呢？结论其实并不明确。"

"不，你们已经学到了许多，"匡廷格教授回答说，"也许你们只是想去把它们明确地表达出来。"

"我们已经发现，"爱丽丝把玩着自己的一缕头发说，"在测量之前，每个光子都有其特定的属性，即偏振，这一假设是错误的。"

"你说的对，"教授说，"还有吧？"

"是的，"鲍勃急忙说，"我们已经证实，另一种解释也是行不通的：光子在被测量时，会以某种方式知道该如何去做；或者说，测量结果会由光子自身的某一属性以某种方式来决定。"

"很好，"教授说，"不过这一点本身并不令人担忧。真正使我们困扰的，是另外一个重要原因。"

"哲学原因？"爱丽丝问。

"不，它是你们两个在实验一开始便得到的一个简单的实验结果。"教授说。

"噢，对了，是完全相关性！我们发现，只要我们以同种方式测量两个光子，它们就总会显示完全相同的结果。"爱丽丝说。

"是的，"教授总结说，"就是这一点。如果我们知道，两个测量装置携带了指令或者信息并能够指示它们给出特定的结果这一假设是错误的，那么这两个测量装置在测量一个系统的同一个特征时，究竟是如何做到能够显示完全相同结果的呢？这是最令人匪夷所思的地方。"

三人停下来，静静地坐了一会儿。匡廷格教授此刻乐得去观察两位年轻人的思绪翻滚，试图从中品出他们学术造诣如何。

"我认为，唯一的一种可能是，"爱丽丝说，"世间万物之间存在着某种诡异的联系。"

"但是，还有另外一种令人毛骨悚然的可能，"鲍勃补充说，"就是说除非我们实际观察，现实才会存在。假如果真是这样，那岂不就意味着世界是因我们而存在的，如果我们不观察这个世界，那它便不存在了？"

"或者还有，"匡廷格教授说，"1710 年，圣公会主教乔治·贝克莱用拉丁文写了一句非常简短的话，*Esse est percipi*，即'存在即被感知'。实际上，贝克莱认可了上帝的存在，他认为上帝作为终极的观察者，一直在观察着这个世界，即便全世界空无一人。"

"我猜您不会强行要我相信这个结论吧？"爱丽丝突然冒出了一句。

"当然不是，"匡廷格教授说，"你们得出什么样的结论取决于你们自己。如果你们发现了其中的哲学道理，并且能够说服别人去相信这些道理，那么你们便会一鸣惊人。不过，我猜在接下来的半个小时里，这种情况不会发生。好吧，今天我们就到此为止吧。"

18

超越光速，穿越回过去？

众所周知，没有什么能比光传播得更快。这是 1905 年爱因斯坦在其著名的狭义相对论中的发现。爱因斯坦的基本观点是空间和时间不能彼此分开，它们二者形成了一种统一体，今天我们称之为时空。这种时空的一种表现形式是，基于一定的运动速度，空间和时间可以相互转换。重要的一点是，在一艘持续加速的宇宙飞船里，随着你接近光速，时间会变得越来越慢。光速大约是每秒 3 亿米（确切地说是每秒 299792458 米）。

我们不禁要问，物体仅仅通过加速，其速度是否有可能超过光速呢？爱因斯坦相对论的结论之一告诉我们，这是不可能的。实际上，当接近光速时，物体要继续加速，便需要越来越多的能量。事实证明，它要达到光速，需要无限多的能量。因此，光速的极限被认为是任何大质量物体都无法达到的，包括任何拥有静质量的物体，比如太空旅行者、宇宙飞船，甚至诸如电子或原子这样的大质量粒子。

那么，为什么有些粒子能够以光速传播呢？答案很简单，因为光子，即光粒子，没有静质量。事实证明，只有没有静质量的物体才能以光速运动。

那么，即便光速是无法达到的，我们仍然可以假设，某物体可以以某种方式直接进入一个超越光速极限的运动状态。爱因斯坦指出，如果一个人有可能以比光速更快的速度运动，那么他可以在自己出发之前便到达目的地。这使得爱因斯坦十分担心，因为这可能会导致出现自相矛盾的情况，其中一个最著名的例子便是"祖父悖论"。一个人似乎可以杀死自己的祖父，并因此而创造出一个无法解决的矛盾循环（见图30）。

这个循环过程是这样的：如果你能够搭上一艘宇宙飞船，逆时光旅行，回到你祖父还活着的时候，并且杀死他，那么你就不会出生。因此，你便不能乘坐宇宙飞船，从而也不能回到过去并杀死你的祖父。这却意味着，你此刻仍然活着，可以跳上宇宙飞船，回到你祖父还活着的时候并杀死他，但这却再次意味着你不能回到过去……如此循环不止。

因此，实际上，任何物体的速度都不能超过光速这一要求，对宇宙的一致性而言是非常必要的。宇宙不可能处于矛盾的状态。一个人显然也是非死即生，两件事不可能真的相互矛盾。

如果我们再仔细想一下，这种一致性观点真正要告诉我们的是，如果一个人能够以前文"祖父悖论"中所述的方式影响过去的话，那么任何追溯过去的行为都是非法的。所以，我们可以做一番推测。假设我们有可能以这样一种方式回到过去，

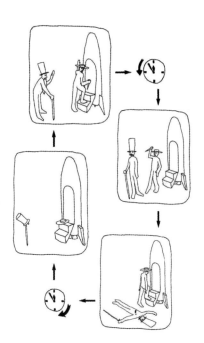

图30　鲍勃（顶图）与祖父告别，然后踏进了宇宙飞船。宇宙飞船载着鲍勃，以超越光速的速度飞离地球，然后鲍勃在他的祖父还年轻且他的父亲还未出生时返回，杀死了他的祖父。鲍勃随后又返回到他离开地球时的时间。此刻鲍勃已不复存在，因为他的祖父年轻时便已经去世。那么既然世间已没有了鲍勃这个人，他便无法再回到过去杀死他的祖父，也就是说，他的祖父依然活着。如此循环往复，形成一个无法解决的矛盾循环。

而不会产生这样的矛盾，那么，显然，速度超过光速并没有什么大碍。因此，举例来说，如果时间旅行者在过去的时间里与这个世界没有任何实质性的互动，那似乎不会出现任何问题。

　　推而广之，我们可以将这一论点从旅行问题扩展到信号传送问题。我们有可能发出比光速还快的信号吗？实际上，我们可以通过类似的论证来证明，如果一个人能够发出比光速还快的信号，那么他就可以将信号发送给过去的自己。这一点与他乘坐超光速飞船回到过去杀死自己的祖父如出一辙。因此，一个人可以把各种各样的信息传送给过去的自己，从而产生我们已经看到的同样的逻辑矛盾。

比如，我们假设有一位购买彩票的木匠中了 100 万美元的大奖，我们将此消息传送到过去。在过去的某一天，各大报纸纷纷刊登消息，说一位木匠第二天将中得 100 万美元的彩票大奖，且中奖号码为 7、18、23、24、31 和 37。毋庸置疑，如果这些号码被到处宣扬，那么将会有许多人按照这一组合去购买彩票。因此，中奖人数将会大幅增加，而每人的奖金也将只有几美元。那位木匠也是中奖者之一，只不过可怜的他中得的将不再是 100 万美元（见图 31）。这里，很显然我们又遇到了与之前看到的同样的逻辑矛盾。因此，信号传送的速度绝对不可能超过光速。

然而，我们必须看到另外一点。我们的规则告诉我们，以超越光速的速度发送出我们能够理解且能够改变过去的信号是不可能的。那么，如果我们发送的信息无法被理解，甚至在原则上也无法被理解，那么逆时而动向过去发送信号便不会有什么问题了。假设，被逆时传送的关于彩票大奖的信号被以某种形式编码，从而使得没有人能够读得懂中奖数字，那么历史便不可能被改写，因为信号的接收者理解不了信号的含义，便不能赢得大奖。当然，必须保证没有人能够将这一被编码的信号

图 31　如果我们能够以超过光速的速度传送信息，那么这些信息便可能被传送至过去。因此，人们便可以在 4 月 1 日读到发行日期为 4 月 2 日的报纸。假如 4 月 2 日的报纸上说，有人中了彩票大奖，并给出了中奖号码，那么人们便会争相下注这一号码，从而导致 4 月 2 日的报纸报道错误，这便又会进入一个矛盾循环的怪圈。

解码，即便是大体上将其解码也不行。

实际上，物理学家们已经发现了某些能够超越光速的情况。不过，在这些情况中，并没有可能被用于改变过去信息的情况。量子力学就是一个很好的例子，具体来说，在包括隐形传态之内的量子力学的一些应用中，情况确实如此。

19

爱丽丝、鲍勃和光速极限

　　我们再次加入爱丽丝与鲍勃的行列，看看他们在做什么。现在，他俩已经完成了实验任务及实验分析。

　　爱丽丝与鲍勃向匡廷格教授递交了一份实验结果报告。对于他俩的工作，教授赞誉有加，给他俩打了他能给的最高分。教授还邀请两人在方便的时候到他办公室，就相关问题进行更深一层的讨论。

　　一天下午，爱丽丝与鲍勃原计划要去航海，但不巧天下起了小雨。他们便决定打电话给教授，问他是否有时间。

　　教授在电话里犹豫了一下，但很快做出了决定，说道："好的。我这会儿正在写一份大部头的手稿，正好我真的有些累了，想休息一下。要不我们见面喝杯咖啡吧。"

　　几分钟过后，耳闻窗外淅沥的雨声，伴着咖啡的浓香，爱丽丝与鲍勃再次聆听起了匡廷格教授对他们的赞誉之词。

　　"还需要讨论几个问题，"匡廷格教授说，"一个问题是，你们的实验中信息传递的速度有多快。"

沉默了一会儿之后，爱丽丝大声说道："我的感觉是，只要鲍勃的开关设置和我的相同，便总是相同颜色的灯亮起。这意味着，两边光子的偏振方式相同。如果发射源到我实验室的距离和它到鲍勃实验室的距离相同，那么两次测量便几乎是在同一时间发生。"

教授说："是的，这两个距离基本是相等的，只有一两英寸的误差。"

"如果这样的话，"鲍勃说，"那便很有意思了，因为我们以前便知道，在我们开展测量之前，光子都没有偏振。假如我们两人将开关都设置在正位，那么在最后一刻，光子会随机决定绿灯亮起还是红灯亮起，即光子会随机呈现水平偏振或垂直偏振。与此同时，另外一个光子，无论相距第一个光子多远，都会在瞬间呈现相同方式的偏振。此时，相同颜色的灯，无论是红灯还是绿灯，都会在另一间实验室亮起。"

"的确如此！"教授说，"在进行这两次测量之前，我们无法对光子的偏振方式做任何假设。与此相反，约翰·贝尔告诉过我们，在对光子进行观测之前便预先假设其呈现何种偏振方式，这种做法是错误的。"

爱丽丝继续说："更准确地说，这种错误的做法指的是，假定我这一侧或两侧的光子或设备拥有某种属性，此种属性能够决定红灯亮起还是绿灯亮起，而与鲍勃在另外一侧的选择无关。"

"你记得非常准确，爱丽丝。"教授说。

"但是，"爱丽丝说，"我们便遇上了严重的问题。一侧进行测量时需要以快过光速的速度与另一侧建立起联系。实际上，由于发射源到鲍勃实验室的距离与它到我实验室的距离相等，所以这两个光子在同一时刻被测量。也就是说，任何联系都一定是在瞬间发生的。这便打破了爱因斯坦的光速极限理论，因此，爱因斯坦是错误的！"

"嗯，也许爱因斯坦错了，"鲍勃说，"但我们尚未在实验中证实这一点。原因是我们实际上所做的，是将开关设置在某一位置，并在一段时间内对光子进行计数。随后，我们再次设置开关，如此反复。因此，我们切换开关设置的速度是非常慢的。"

"可是，"爱丽丝说，"这哪算得上一个问题呢？"

"不，"鲍勃反对说，"原则上，不同设备之间互相联通是可能的。比如说，也许存在某种场，它能够覆盖爱丽丝实验室到我的实验室，甚至一直到发射源的范围。通过某种方式，这种场能够将我这一侧的测量情况通知另一侧。如果这一信息以光速传播，那么它便会有足够的时间与光子一起到达另一侧，从而使得设备给出正确的结果。实际上，由于我们的两个实验室距离大约有 300 米，因此一个信号从我的实验室到达她的实验室仅需要一微秒的时间。也就是说，我们绝不可能会在如此短的时间内切换开关设置。"

"你观察得非常仔细！"匡廷格教授说，"这是一个基本问题，早已被贝尔发现了。用他的话来说，'仪器应当提前设置好，从而使它们能够有时间以小于或等于光速的速度进行信号交换，进而实现相互之间的默契配合'。贝尔曾坚持进行一项'计时实验'，在该实验中，设置会在粒子传递过程中发生改变。"

"好，等我们回去就做这个实验！"鲍勃郑重宣布。他俨然摆出了一副实验家的风范。

"不过，这个实验可不简单，"教授说，"你们需要用到非常精准和快速的时钟对两侧发生的事情进行计时。更为重要的是，你们需要在不超过一微秒的极短时间内设置好开关。从技术上来讲，这一点极难实现。然而，这类实验早已有人做过。第一次实验是由阿兰·阿斯佩带领的一个小组于 1982 年在奥尔赛进行的。在这次技术先进的实验中，他们快速地在两个偏振器之间切换光子。1997 年，权威的实验在因斯布鲁克进行；1999 年，安东·蔡林格与他的学生格雷戈尔·维斯以及维斯的几名同事一起发表了该实验的结果。"

"可他们是如何做到快速切换开关设置的呢？"爱丽丝问。

"原理很简单，但做起来比较难，"教授回答说，"正如你们现在所了解的，在你们的实验中，改变你们实验的开关设置，便改变了偏振器的设置。维斯将他的偏振器固定在一处，并在它前面安置了一个叫作电光调制器的特别晶体。这种电光调制器会将光子的偏振旋转某个角度，此角度与施加在晶体上的电压成正比。光子会同时穿过晶体和偏振器。晶体与偏振器合在一起，便成为一个新的偏振器，其旋转角在一定范围内可调。"

"这么说，我觉得这个电压应该可以快速变化，从而使偏振器有效地快速转动。"鲍勃猜测说。

"你说的对，"匡廷格教授说，"因此，他们在实验中所做的，是在大约一纳秒即十亿分之一秒的时间内旋转偏振角度至一个新的设定值。这一步由发射端和接收端各自独立随机完成，你和爱丽丝在实验室应该也是这样设置的。"

"但是，"鲍勃说，"有关偏转角度的决定必须由爱丽丝或我提前做出，而且我们还得有足够的时间将这一决定传达给对方。"

"的确如此，"匡廷格教授回答说，"设置哪一种偏振的决定必须通过一种不可预测的方式快速做出。维斯使用了一台量子随机数发生器。他拿起一个分束器，并用一个弱光源对准它。这个分束器能够以比一边与另一边通信所需的速度快得多的速度产生随机数。因此，两边的偏振设置变化都非常快。如果恰逢一个光子到来，该光子便会被标记为在某一设置下，然后这一设置便立即会被改变，一次又一次。"

"重要的一点是，两边的操作完全独立。有时候，两个光子恰好会在两边相同的设置下被测量，而有时候又会在不同的设置下被测量。当然，维斯必须仔细记录在什么时间选择了什么设置，以及一个光子是否被记录。于是，便产生了一长串的数据供维斯进行对比。所有这些数据都包含了你们通过慢速切换偏振方式时所发现的信息。维斯及其同事们发现，当设置相同时，两边会产生相同的结果。而在设置不同的情况下，实验结果则违反了贝尔不等式。"

"也就是说，任何可能以光速传播的信号都被排除在了可能的解释之外。"爱丽丝总结道。

"的确是这样，"教授继续说，"维斯及其同事们能够堵住所谓的通信漏洞。他们能够证明，如果两台测量仪器之间彼此联系，那么通信速度必须比光速快十倍以上。在这里，具体快多少倍并不重要，重要的是它要比爱因斯坦所说的光速极限快。最近，由尼古拉斯·吉辛领导的一个小组在日内瓦进行了一项实验，表明这个速度是光速的许多倍。"

"这太令人激动了，"鲍勃说，"但这个实验到底证明了什么呢？在我看来，它证明了如果有通信存在，那么通信的速度应当快于光速。然而，爱因斯坦告诉我们，快于光速的通信是不存在的。到底是怎么回事呢？"

教授回答说："关于通信的作用，从纯粹的逻辑角度来看，你们现在可以采取不同的立场了。一种立场是，并不存在正在进行中的通信。这一说法将对现实的性质和通信的作用产生深远的影响。另一种立场是，存在这样的通信，其速度超过光速。这将对空间和时间的本质产生深远的影响。无论是哪一种立场，我们都必须弄清楚，这种超过光速的通信是否值得人类担心，不管它是不是爱因斯坦的观点。"

"一定不是啊！"爱丽丝断言，"它一定与爱因斯坦的观点相左啊！爱因斯坦告诉我们，任何物体的运动速度都不会超过光速。"

"是的，"匡廷格教授说，"爱因斯坦告诉过我们，物体的速度不可能超过光速，否则将会导致某种矛盾，比如你杀死你自己的祖父。如果你能够向过去发送一条信息，也会导致这一矛盾产生。因为，假如说这一信息是昨晚的彩票中奖号码，那么如果我们将这些号码发送到过去，比如说前天，那么你便可以赢得彩票大奖从而改变今天的事实，进而进一步改变你发送到过去的信息内容。如此，矛盾便会一直循环下去。"

"我明白了，"鲍勃说，"因此，我们必须看一下，我们是否能用纠缠将信息发送到过去。"

爱丽丝补充说："也就是说，我们要做的就是以比光速更快的速度发送真的信号。"

"太对了！"教授回答说，"你说的很对。如前所述，如果我们能以超光速旅行，那么我们便可以回到过去。如果我们拥有一个速度快于光速的信号，那么我们也可以将信号发送到过去。"

"可这一点，不正是我们现在用纠缠所能做到的吗？"爱丽丝说，"在我们的实验中，只要鲍勃和我选择相同的开关设置，两侧便会亮起相同颜色的灯，而实际上事前两侧完全没有决定亮哪一盏灯。我这一侧的光子并不知道选择哪一条通道，因此它便随机进入了一条，比方说上方的通道，因此绿灯亮了起来；同时，在鲍勃一侧，光子也做了相同的事情。因此，鲍勃的光子一定知道我的光子要做什么。否则，这一切又是如何发生的呢？"

"啊，我知道了！"鲍勃急切地说，"我打开我的开关，并在最后一刻设置在了某个位置，比如说零位。随后，如果我的绿灯亮起，并且爱丽丝的开关也设置在零位，那么我便知道她那边也是绿灯亮起。这便是那个信号。我在一瞬间将那个绿灯亮的信号发给了爱丽丝，并因此推翻了爱因斯坦的光速极限理论。"

"可是，信号在哪里呢？"匡廷格教授说，"假如你们两人早上相遇了，并开始盘算中午一起去吃什么饭。你同意在中午时分发送一个信号给鲍勃，告诉他你是否有时间与他共进午餐。绿灯表示同意，红灯表示没有时间。现在请你接着说下去。"

爱丽丝挠着头说："你说的对，我做不到这一点。我只能注意到，红灯亮或绿灯亮是自行出现的，因为事件的发生是随机的，也就是说，这是光子随机决定的。我无法决定红灯或绿灯哪个亮起，也不能告诉光子去做什么。哇，这太魔性了。情况会不会是这样的呢？也就是说，单个量子事件的随机性，即测量结果的随机性，阻止了纠缠去违背超光速发送信号的不可能性？"

"的确如此，"教授说，"确实是这样的，这非常令人惊叹。请记住，爱因斯坦之所以攻击量子力学，部分原因是它存在随机性，即事件的发生并没有任何特定的原因导致特定的个体结果。而现在，恰恰正是这种随机性避免了纠缠去违背他自己的相对论。这不是很奇妙吗？"

爱丽丝和鲍勃兴奋不已，异口同声说道："这的确太棒了。"鲍勃又问道:"爱因斯坦自己有没有意识到这一点呢?"

"不知道。至少我没有在爱因斯坦的任何信件、文章或书里看到过他对此有任何说法。"教授说。

鲍勃大声说:"我懂了!这些量子粒子能做的,便是它们可以相互之间以超光速发送信号。但是,我们却不能利用这一点,因为我们无法迫使量子粒子携带我们的信号。"

教授笑了起来,说道:"这当然算是一种解释。它还告诉了我们更深层次的东西。就是说,它让我们真正懂得了爱因斯坦思想里的'信号'到底是什么。信号一定是一种我们能用于向其他人传递新信息的东西。如果我们无法影响被发送的东西,那么即便这些东西的速度超过光速也并不是什么问题。"

20

漏洞

　　沉思了一会儿，匡廷格教授继续说道："实际上，早期的实验存在三个漏洞。你们已经了解了其中的两个。一个是通信漏洞。这个漏洞事关两个测量站是否能通过某种方式相互通信，从而确保测量结果符合量子力学的预测。这个漏洞已被因斯布鲁克实验排除。

　　"还有一个事关重大的漏洞。约翰·贝尔已经指出，两个测量站具体选择进行哪一种测量，是完全自由的。也就是说，它不应该由任何较早的事件来决定。显然，还是有可能存在能够影响到两个测量选项的未知信息的，这种可能性在理论上不能被完全排除。不过，我们有可能排除掉一些关于影响因素的假设，尽管它们似乎很合理。"

　　"其中一种假设是：影响随机数发生器设置的隐藏信息，是在发射源发射出光子对的一瞬间与光子对一起产生的。这样的解释在原则上是可行的，即便对于因斯布鲁克实验而言亦是如此，因为光子通过光纤从发射源到达相应的测量站需要一段时间。最近由托马斯·谢德尔和其所在的维也纳小组的其他成员进行的一项实验排除了这种解释。他们所做的是，使用随机数发生器决定测量哪一个参数，把随机数发生器放在一段距离之外，其在发射源产生光子对的同时，创建一个随机数。这样，来自发射源的信号便不会影响到随机数发生器。然后，每个随机数发生器的输出信息被发送到测量站，通过这种方式，便完成了对光子具体测量的设置。因此，实验中的两个漏洞（通信漏洞和所谓的选择自由漏洞）便在同一时刻被堵住了。

"不过，这类实验还可以进行两种改进。第一种是使用人类实验者，他们会在最后一刻决定要测量光子的哪一种偏振。要做这样一项实验，我们需要假定人类有自由意志。大家可能听说过，目前，心理学家和一些大脑研究人员正在广泛探讨人类是否真的具有自由意志。但无论如何，在这样一项实验中，我们的两名实验者必须相隔很远的距离。这是因为，根据神经生理学的知识，我们知道，人做出一个决定至少需要十分之一秒。十分之一秒相当于以光速行驶三万千米所需要的时间。因此，要进行这样一项实验，最方便的做法是，在地球上设一个测量站，在月球上设另一个测量站，并在两者之间的卫星上设置发射源。另外，人类还可在去往另一个行星（例如火星）的旅途中做这一实验。从地球到火星，将耗费他们相当长的时间，但他们却因此有时间去做与量子相关的实验了。"

"这听上去可真令人心动！"鲍勃插话说，"我倒乐意去参加这样的一项实验！"

"我也愿意，"爱丽丝赞同地说，"第二种改进呢？是否同样令人心驰神往呢？"

匡廷格教授笑了，说："我个人感觉，比起刚才我们谈到的第一种改进方式，第二种方式甚至更有趣。不过可惜的是，你们可能并没有机会遨游太空。对于第二种改进，我们将使用来自非常遥远的星体发出的信号。这些星体相互之间没有任何联系。一种直接的可能是，两个偏振器通过来自类星体的光进行操作。我们会借用位于太空两侧的两个类星体，因为类星体是我们已知的最古老、最遥远的天体之一，距离地球有数十亿光年之遥。"说到这里，教授将两条胳膊用力伸展到身体两侧，比画出了相距遥远的样子。

"当然，我们可以认为，经过了宇宙大爆炸，不同的类星体之间已经通过某种方式相互联系。但我认为，这样的观点有些牵强。原则上，正如我们说的，永远不能排除一个完全确定性的解释。我相信，将来有一天，这类实验会得以进行。

"最近，在帕多瓦大学的保罗·维罗雷西与弗朗哥·巴比耶里的带领下，一个国际合作团队首次进行了这一方向的原理论证实验。在意大利巴里市的马泰拉镇，我们通过一台望远镜向阿吉沙（Ajisai）卫星发射了激光脉冲。这一卫星上装有几个偏转镜。我们发射的光，其中一部分被反射回了地球上的望远镜。我们实际上可以探测到从卫星反射回地球的单个光子。"

爱丽丝捻着一缕头发，漫不经心地问："您这是在说第三个漏洞吗，匡廷格教授？"

"第三个漏洞，"教授回答说，"便是所谓的探测漏洞。在所有进行过的实验中，实际上仅有部分光子被测量到，一般来讲这一比例为20%，正如你们的这个实验中的一样。实验中探测到的光子完全证实了量子力学的预测。因此，这些数据同样违反了贝尔不等式。然而，定域实在论的拥护者们提出了很有趣的一个观点。他们认为，可能会出现这样的情况：也许将发射源产生的全部光子对放在一起考虑，便不会违反贝尔不等式。更为准确地说，这一设想认为，全部的光子对都可以用定域实在论来解释。这些拥护者对测量结果进行了解释。他们认为，由于某种原因，或许是因为一些额外的隐变量，探测到的光子子集被选出来，正是为了违反贝尔不等式。"

"这听上去怎么像是预谋已久的呢！"爱丽丝插话说。

教授继续说："不，这一观点至少在逻辑上是合理的，即便听上去十分怪异。为什么这个世界要这样，让探测器通过某种方式使我们相信，这个世界并不是定域实在性的，尽管它确实是定域实在性的呢？不过从逻辑上来讲，这一观点还是说得过去。

"为了结束我们对这个漏洞的讨论，实验策略是明确的，人们只需要做一个实验，检测全部或几乎全部的粒子。事实上，能够涵盖全部粒子的大约四分之三便足够了。目前，针对光粒子的这样的实验尚不可能实现，因为探测器尚不能满足这一要求。不过，2001年，玛丽·罗伊和戴维·温兰德以及他们的团队在位于科罗拉多州博尔德市的美国国家标准与技术研究院（NIST）用离子做了一个这样的实验。所谓离子，就是带电荷的原子。之所以用离子，是因为我们的探测器对离子来说几乎是完全有效的。

"在实验中，他们将两个铍离子巧妙地放在了一个电磁场中。这一实验的优点在于，实验者可以高效地探测到这些离子的状态。不出所料，实验也显示了与贝尔不等式不符的情况。因此，探测漏洞便完全被堵住了。"

"也就是说，这就是最终结论了。"鲍勃说。

"原则上来讲，我是这么认为的。我猜想大多数物理学家也是这样认为的，"匡廷格教授回答道，"但是，还有件耐人寻味的事情。一共有三个实验，它们各自完全堵住了三个漏洞中的一个。维斯等的实验解决了通信漏洞的问题。他的实验说明，一种未知的通信方式不能被用于解释结果。谢德尔等的实验解决了自由选择漏洞的问题，而罗伊等的实验又解决了探测漏洞的问题。在其他实验中，仅有部分光子被测量的事实并不能成为观察到违反贝尔不等式现象的证据。但是，这真的很有趣，每个实验至少留下一个漏洞。"

"在前两个实验中，光子被探测到的比例均不到50%。因此，大自然很有可能利用了其中的探测漏洞。在罗伊等的实验中，两个离子深陷电磁场，却还能老老实实待在那里相依为命，这显然是大自然利用了通信漏洞，为的就是违反贝尔不等式。

"这三个实验分别都没有同时堵住全部的三个漏洞。这便是定域实在性主义者原则上需要一直抓住的一个把柄。要说大自然过于阴险，以至于它会在其中一个实验中利用另外的一个漏洞，这是完全不可能的。同时，目前尚没有哪一个理论能够合理地描述这一现象。但是，为了获得思想的清晰性与完整性，总有一天会有一个实验，能够同时堵住这三个漏洞。到了那时，一切便可以尘埃落定了。"

三人默默地坐在那里，各自想着自己的心事。

爱丽丝打破了沉默，说道："这简直令人难以置信，但也简直精彩绝伦。看起来，不管我们是否能够发送信号，我们的一举一动都事关物理学。这便是光速极限的意义之所在了。"

鲍勃幽幽地说："是的，我们做出的选择以及我们选择去测量的东西，决定着哪一个特征能够成为现实。看起来，对于这个世界，人类似乎具备相当强的掌控力。这简直太棒了。这怎么可能呢？这个世界，还有这些物理定律怎么会如此依赖人类呢？"

"不，"教授说，"我远远没你那么乐观。我们得好好考虑考虑这些问题。我觉得你们俩倒是应该哪天去找一位哲学家聊一聊。"

"嗯，还真是，"爱丽丝说，"我们正准备在几周之后与我们的一位学哲学的朋友去爬山呢。"

"可他才刚上大一呢。"鲍勃说。

"呃，不要紧，"教授笑着说，"我想你们一定会找到共同的话题。不管怎么说，与你们俩合作这个项目并讨论这些问题令我十分愉快。今后如果你们对这些问题还有兴趣，请随时给我发邮件或者打电话。祝你们前程似锦！"

　　听了教授的话，爱丽丝与鲍勃向教授表达了深深的谢意。而后，二人便起身离开了。

21

蒂罗尔山上

一个晴好的夏日周末，爱丽丝与鲍勃决定去一趟蒂罗尔地区。他俩的好友查理——一名学哲学的大一学生——也一同前往。阿尔卑斯山的主脊自西向东穿过蒂罗尔地区，将其一分为二：一部分为意大利境内的南蒂罗尔省，另一部分为奥地利境内蒂罗尔州的北蒂罗尔地区。三人乘坐缆车上山，在那里可以看到美丽的景色。放眼望去，一万两千英尺高的阿尔卑斯山主脊上，重重叠叠的山峰被冰雪覆盖。重峦叠嶂之间，随着山势起伏的草地上，幽深的山谷与古朴的村庄若隐若现。到了缆车线的终点之后，三人沿着一条狭窄的小路继续往上爬。不一会儿，他们爬上了一座小山的顶峰。三人极目远眺，壮美的阿尔卑斯山脉景色尽收眼底。

爱丽丝（看了好一会儿）：简直美极了！

鲍勃：可只有我们看它，它才会存在。

查理：胡说！我们就算不看，它照样还是在那里。这么说，你是觉得到了晚上，这一座座的山会消失不见？

鲍勃：如果不看，你又如何能证明它们就在那里呢？要证明这一点，你便必须睁开眼睛看。

查理：我就不用。我会安装一台自动相机在晚上拍照，第二天再来看照片。

爱丽丝：是的，的确如此。很明显，观察者不一定非得是人。不过，即便这样，我们也还得去看那台自动相机拍的照片。这同样也是一种观察。对某样东西，如果不进行观察，不管是什么形式的观察，我们便永远不能说它存在。

查理：你怎么也开始矫情起来了呢？没人看山，山就不在吗？谁会相信呢？

鲍勃：你倒是颇有爱因斯坦的范儿。在一次对话中，爱因斯坦曾问过丹麦物理学家尼尔斯·玻尔："你真的以为，你若不看，月亮便不存在吗？"

查理：哦，至少我不这样认为。那玻尔怎么回答的呢？

鲍勃：玻尔提出要爱因斯坦亲自验证一下。这一点我们却做不到，因为要知道月亮是否还在，你仍得抬头看一下。

查理：你可把我绕蒙了！

爱丽丝（笑）：欢迎大家畅所欲言！我们也不知道答案。这得从我们最近在忙的一个项目说起，匡廷格教授交给我们的一个项目。

查理：啊，是那位量子物理学家！你们怎么能指望和我聊这个呢？我只不过是一名可怜巴巴的学哲学的学生。

鲍勃：从道理上讲，我们的实验也并不难。匡廷格教授的研究生约翰为我们俩造了一个光子发射源。

查理：什么子？没听说过。

爱丽丝：光子，就是光的粒子。光是由极小的粒子构成的，这些粒子又是光源发射出来的。

查理：哦，然后这些粒子进入了我的双眼。

鲍勃：说得不错！约翰为我们造的发射源发射的是光子对，就是完全相同的一对孪生粒子。

查理：嗯，明白了。就是说像一对孪生姐妹，姐姐穿蓝色，妹妹也穿蓝色？

爱丽丝：这是一个方面。在我们的实验中，主要不是看颜色，而是看一种叫作偏振的特征，虽然它只是一个无关紧要的细节。

鲍勃：当我们观察光子对中两个光子的这一特征时，它们看上去总是一样。

查理：哦，就是说这两个光子被发射源造出来时便如此呗。还拿我刚才说的颜色来说，这对光子可能都是蓝色的，那对可能都是黄色的，而另外还有一对可能都是红色的。是这样吧？

鲍勃：我们实际看到的实验结果的确是这样。两个粒子总是完全一样。用你的话说，那就是一对光子中的两个光子颜色相同，但各光子对之间，颜色会有所不同。

爱丽丝：不过，问题在于，查理，你的解释说不通。

查理：是吗？如果两个光子颜色总相同，为什么我的解释就不对呢？一开始，在发射源里它们的颜色就一定是相同的。不就这么简单吗？

鲍勃：很遗憾，不……

查理：遗憾什么？

鲍勃：证明过程有点复杂，不过我们可以只关注结论。实际上，我们做过一个实验，实验证明，两个粒子初始的颜色并不相同，它们只是在被测量时获得了同一种颜色。

查理："获得颜色"是什么意思？比方说吧，那几头奶牛，不会是因为我看它们，它们才有颜色的吧？它们的颜色难道不是天生自带的吗？

爱丽丝：我完全赞同你的说法。可你怎么去证明呢？

查理：这简单啊，之前我看它们时，它们就是棕色的呀。

爱丽丝：嗯，没问题。可假如你之前没见过它们呢？你能证明在你或者任何其他人见这几头奶牛之前，它们也是棕色的吗？

查理：你这不是在故意抬杠吧？

鲍勃：不，这正是量子力学要告诉我们的关于量子系统的几个特征。在观察之前，我们不能赋予被观察物任何属性。

爱丽丝：拿刚才的例子来讲，也就是说，在第一次被观察之前，奶牛很可能是棕色的。这一点没问题。有些情况下，在我们对事物观察之前，事物可以有它们自身的属性。

查理（装着用手去擦额头上的汗）：谢天谢地！

爱丽丝：但是，有更糟糕的情况。有人已经证明，在量子力学中，这一想法有时候是错误的。就是说，在我们观察某事物之前，它便早已拥有我们所观察到的属性，这种想法是不对的。

查理：什么？你是说，一头有人看到是棕色的奶牛，在被这人看到之前不是棕色的？

鲍勃：不是，我们不能用奶牛来打比方。但对于我们说的光子，我们可以证明这一点。

查理：我凭什么信你呢？

爱丽丝：这是贝尔定理的精髓之所在。这一定理是以爱尔兰物理学家约翰·贝尔的名字命名的。正是贝尔本人发现了这一定理。

查理：贝尔定理？我似乎在哪儿听说过。不过坦白讲，大物理学家讲的，我就一定得信吗？

鲍勃：说得不错，这就是科学的本质。不能因为某个大人物说什么，我们便信什么。但是，许多人已经证明了贝尔的观点，并站在了贝尔这一边。因此我觉得，你倒是可以暂时相信我们和你说的话。匡廷格教授写过一篇论文，内容简短，适合哲学家一读。如果你愿意，傍晚我可以给你。

查理：你还是饶了我吧，看在上帝的分儿上！我可看不了物理学论文。我信你就是了。

爱丽丝：这么说，你也觉得在你观察两个光子之前，它们并没有颜色吗？

查理：好吧，可以。为了方便讨论，我接受这一观点，就是说两个光子，我观察它们之前，它们并没有颜色，而当我观察它们时，它们便有了一样的颜色。这么说的话，一定是存在某种隐藏的机制，使得当我观察它们时，它们便带有某种颜色，比如说蓝色。两个光子携带的这种隐藏机制应该是相同的。

爱丽丝：是的，下一步我们要做的就是这个。我们要摈弃错误的想法，在不再认为两个光子从一开始便有相同颜色之后，我们假设存在某种隐藏的内部机制。

查理：正是这一机制，决定了每一个粒子在被测量时所显示的颜色，这有点儿像在其内部安装了发条装置。

鲍勃：对，我们也是这样假设的。然后，匡廷格教授便鼓励我们通过实验来推翻这一假设。

爱丽丝（很自豪）：最终我们也的确推翻了这一说法。

查理：听上去你们马上要得诺贝尔奖了。

鲍勃：很不幸，早有人做过这个实验了。

查理（扑哧一声笑了）：真糟糕！

爱丽丝：得了吧！我们只是大一的学生，发现这些就足以让我们显摆一下了。

查理：是吗？这我可就好奇了。你们到底发现什么了？你们发现的，就是当我们观察两个光子时，它们便具有了同种颜色吗？

鲍勃：的确是这样。

查理：可到底是什么原因使得它们颜色相同呢？

爱丽丝：到现在为止，我们基本只知道不可能是什么原因。无论如何，光子不可能以某种方式知道它们自己是什么颜色的。

鲍勃：是的。还有，光子没有携带任何能够决定它们自身颜色的东西。

查理：它们没有携带任何东西？什么东西？

鲍勃：这么说吧。两个粒子可能自产生时便自带清单，它们带着清单踏上了各自的旅程。一个粒子当遇上一台对它进行测量的仪器时，它会仔细看一看仪器要测量的内容，比如说颜色。然后，它会对着清单核查一下，发现颜色应当是蓝色，由此它便会呈现这一颜色。如果两个粒子的清单是相同的，那么它们便总会显示完全相同的结果。

爱丽丝：对，就是这样。这一设想听上去非常完美，不是吗？可这根本行不通。

查理：等等，等等。你们是说，两个光子在被测量之前没有颜色；你们还说，两个光子都不知道在被测量时要呈现什么颜色，对吧？

鲍勃：就是这个意思。所以，很显然，需要进行一个实验，以便使它们获得一种颜色。

查理：我懂了！就是说，这种测量能给光子上色？

爱丽丝：对，可以这么解释。

查理：这简单啊！弄两台一样的测量仪器，在给定的时间给两个粒子涂上相同的颜色。不就是这样吗？

爱丽丝：也对。不过我有种直觉，这里面哪里不太对劲儿，但我也说不好是哪里。

鲍勃：我觉得似乎是这样。对测量仪器的这些指令——两台仪器的指令完全相同——实质上与对粒子的指令毫无二致。它们可以被看作各个位置上的指令，比如你那里的、爱丽丝那里的或者我这儿的，也不管是由粒子携带的还是由测量仪器携带的。

爱丽丝：哦，对了，我们已经排除了定域实在论的可能性。

查理：不过，还有另外一种解释。通过发射某种形式的能量或以某种形式交换信息，两台测量仪器能否告知对方下一步要做什么呢？换句话说，它们是否能够一起决定这一对被测量粒子应当显示蓝色，下一对显示黄色，再下一对显示红色呢？

爱丽丝：这一可能性也早已被排除了。

查理：怎么排除的呢？

鲍勃：这简单。将两台测量仪器置于相距遥远的两个地方，使信号从一台仪器被传递到另一台需要花费较长时间。我们都知道，信号的传递速度不可能超过光速。

查理：可光速已经快得令人难以想象了！

爱丽丝：没关系。目前我们制造出的电子测量仪器，可在极短时间内在不同设置之间来回切换。

查理：这与我们讨论的问题有什么关系呢？

鲍勃：噢，测量光子的仪器能够快速决定对下一个光子测量什么。它是在光子到来之前的最后瞬间做出这个决定的，以至于没有多余时间告知另一台仪器要测量什么。

查理：这一点已被实验证实了？

爱丽丝：是的，已被确切证实了。这个实验就是在不久之前的 1998 年做的，地点就在奥地利蒂罗尔州的首府因斯布鲁克。

查理：这个实验得出的结论正确吗？

鲍勃：正确。如今我们确切地知道，至少在某些特殊的量子情形之下，我们所观察到的属性在我们观察它们之前并不存在。

查理：这就是为什么爱因斯坦曾经问玻尔，他是否真的相信若没有人抬头望月，便没有那一轮明月。

爱丽丝：是的，的确如此。不过有意思的是，爱因斯坦当时并不知道现代实验中的所有这些细节。

查理：那他又是如何得出结论的呢？

鲍勃：他只是假设量子物理学是正确的，而目前实验中所观察到的结果，量子物理学的确都精准预测到了。

查理：那么我们又该如何看待眼下的情形呢？此刻我们四周群山环绕。如果我们不看，那么这些山便都不在吗？对我来说，这简直难以想象。

鲍勃：是的。这种可能性从逻辑上是无法完全排除的，尽管我也很难相信这一点。

爱丽丝：我不知道是否有人能完全理解这一点。我一直觉得，就连匡廷格教授都有点困惑。

查理：可你一定从中学到了什么。

鲍勃：是的，我们可以从中得出许多不同的结论。

查理：那其中一个结论，想必就是无人抬头望月，明月便是不存在的了。

爱丽丝：也许是吧。这种情况说的是，如果不被观察，现实便不存在。

查理：可这也太耸人听闻了。

鲍勃：但它却难以被撼动。

查理：从纯粹的逻辑角度来讲，你是对的。可我仍觉得应该有更好的解释。

鲍勃：第二种可能是，我们都认为，相距很远的事物相互间是分开的，这种想法是有问题的。

查理：我简直难以想象。

爱丽丝：呵呵，举个例子来说吧。这可能是在说，的确存在一种未知类型的信号，它们能够以大大超过光速的速度传播。

鲍勃：总起来讲就是，我们可以认为，我们看待空间的方式是不对的。比如说，那边那座山与我们之间并没有那么远的距离。

查理：那么，空间又是来自哪里呢？

爱丽丝：时间呢？

鲍勃：何谓空间？何谓时间呢？

谈话到此，三人凝望着山色，久久静坐着。忽然，爱丽丝看了看表，发现竟然已经三点多了。他们立刻一跃而起，沿着山路往下冲。缆车四点停运，他们气喘吁吁地赶上了最后一班。下了缆车，他们又来到了山下，三人走向了阿尔卑巴赫（Alpbach）村。

鲍勃：我记得在哪里读到过，埃尔温·薛定谔就葬在阿尔卑巴赫村。

查理：埃尔温·薛定谔？他是谁？

爱丽丝：莫扎特是谁呢？

查理：开什么玩笑！沃尔夫冈·阿玛多伊斯·莫扎特的大名，谁人不知呢？他可是人类历史上最伟大的作曲家之一。

爱丽丝：是的，他是奥地利人，薛定谔也是。

查理：我可不是每个奥地利人都认识。

鲍勃：可薛定谔是量子物理学的创始人之一。

查理：那又如何呢？

鲍勃：呃，薛定谔发现了一个方程——薛定谔方程，它是物理学家书写的最美妙的方程之一。

查理：是吗？它对你可能很重要，我又何必自寻烦恼呢？

爱丽丝：这的确是人之常情。你这样的哲学大家，如果不知道莫扎特，会贻人笑柄。可说你不知道薛定谔，你倒不必羞愧难当。

鲍勃：要知道，薛定谔发现的这个方程，奠定了大多数现代高科技发明的基础。不了解薛定谔方程，我们便难以弄懂计算机或者激光器的工作原理。它描绘了微观粒子的行为，不管是独立存在的微观粒子，还是位于某种固体或是其他材料比如说计算机芯片中的微观粒子。

查理：噢，好的，是这样，我信了！我被你打动了！薛定谔的墓在哪儿呢？

鲍勃：蒂罗尔地区村庄里的墓地都在教堂周围。这里的许多人都希望去世后被埋葬在离上帝近一些的地方。薛定谔也是这样。

查理：有道理，我们去看看吧！我有些按捺不住了。

三个人来到了一座教堂。教堂四周被肃穆典雅的墓地围绕，每座墓前都有熟铁十字架。他们找了一会儿，没有找到薛定谔的墓地。一位老妇人手指着远处水泥墙旁边的一个小熟铁十字架，告诉他们："在那儿！阿尔卑巴赫村的每个人都知道。"三人走近这个墓地（见图 32），发现它果真与众不同。

查理：十字架的牌匾上写着一个方程式。

鲍勃：是的，这正是薛定谔方程。

查理：是吗？我看不懂上面写了什么。这个希腊字母，看上去多么像个三叉戟，它念什么来着？

爱丽丝：它念普赛（psi），用于波函数。

查理：还有其他一些字母，比如说，这个 i 是做什么的？

鲍勃：这是 -1 的平方根。

查理：我的老天！那这个肩膀上扛把刀的 h 又是什么呢？

鲍勃：这个念"h 拔"，普朗克常量与 2π 的商，是量子物理学里一个基本的数值。但你不必在意这些符号的意思，要理解它们，你得好好学一学物理学，就连爱丽丝和我都差得远。你就只管欣赏这个方程式的美即可。

图 32　埃尔温·薛定谔和妻子安妮玛丽位于奥地利蒂罗尔州阿尔卑巴赫村的墓地，墓前牌匾上刻有薛定谔方程。

爱丽丝：在我看来，这个方程式美妙绝伦，尽管我并不理解它的意思。

查理：你说的对。我得承认，这些符号看上去有多奇怪，这个方程式就有多美。

鲍勃：数学方程式里透射着一种美。因为物理学家总要尽可能简单地描述自然现象。例如，薛定谔方程虽然只用了非常少的符号，却涵盖了大量的现象。

爱丽丝：对物理学家来说，数学表达是否简洁是判断一个理论正确与否的依据之一。

沉思了一会儿，三人决定休息一下。晚上，爱丽丝、鲍勃和查理又聚在了一起，畅饮啤酒。爱丽丝笑着说："我把这个关于纠缠的故事画在了一幅小漫画里。"说完，她从口袋里掏出了一张纸（见图33）。

鲍勃（惊讶）：我还真不知道，你还有点儿文学细胞呢。

查理：这怎么讲呢？你画这个是要证明什么呢？

爱丽丝：呃，说到底，纠缠说的就是两个参与者之间是如何互通信息的。我画的这两本互相纠缠的书已经说明了这一点。

查理：可在第一幅图中，书上并没有内容啊！

爱丽丝：别急。在第一幅图中，我们看到两本书的文字相互纠缠，尽管看不出图上有任何文字。我们可以说，书上可能包含任何可能或可以想象得到的文字。在中间一幅图中，其中一个观察者看了一下书。

鲍勃：啊，是的！此刻书上便有了部分文字——AZ。第二本书也会显示相同的文字。最终，在最下面的图中，第二位观察者也看了一下书，然后两人惊讶地发现，他们面前的书上有了完全相同的内容。

查理：哦，他们很惊讶，我也同样惊讶不已。这一定是我上过的最重要的一课。

爱丽丝：现在你该知道了吧，为什么纠缠的思想入不了爱因斯坦的法眼。他甚至称纠缠为"鬼魅般的"。

图 33　两本书内文字纠缠的科幻图解。这两本书的文字互相纠缠（顶图），且一开始任何一本书都没有任何内容。一切皆有可能。当其中一本书被观察时（中图），它自发和随机地呈现出某些文字，它们是许多可能中的一种。另一本书则在瞬间呈现出了相同的内容。这便是爱因斯坦所称的"鬼魅般的"纠缠的本质。

查理：薛定谔的墓倒是非常整洁美观。

鲍勃：对！薛定谔的女儿露丝·布劳尼泽目前还生活在阿尔卑巴赫村。她把父亲的书房和一些工作文件整理得井井有条。这些对将来的科学家们来说，都是很宝贵的。

爱丽丝：我说两位帅哥，我有些累了，要不今天就到这儿吧。

鲍勃与查理：这主意不错。

22

量子博彩

　　我们已经知道，出于多个原因，爱因斯坦批判了量子力学。他提出批判意见的基本观点是，量子物理学的一些基本陈述与他自己的基本哲学信仰相左。他的第一项批评针对的是量子物理学中随机性的新性质。1909 年，在萨尔茨堡举行的德国自然科学家和内科医生协会的年会上，他第一次公开表达了这一批评意见。在这次年会上，对于偶然性和随机性所扮演的新角色，爱因斯坦表达了他的"不适"。早在那时，爱因斯坦便已认识到，单个量子事件没有任何原因，甚至连一个未知的原因也没有。他发现，对于单个的量子事件，是不可能用因果关系来解释的。1926 年，爱因斯坦给同为物理学家的同事马克斯·玻恩写了一封信。在这封后来闻名于世的信中，爱因斯坦写道："这一理论……并不能使我们更接近那个老家伙的秘密。无论如何，我都确信，他，也就是上帝，不会掷骰子。"今天，我们已经学会了接受，随机性是量子世界的一个基本特征。而且，我们甚至还在技术上运用着这一特征。

那么，量子随机性是如何发挥作用的呢？

量子随机性已经应用的一个领域，便是随机数发生器。随机数发生器是一种能够产生随机数序列的设备。这种序列对现代计算机的许多计算问题都非常重要。

现代计算机生成这样的序列，需要使用复杂的算法。它产生的数字序列看起来是随机的，但实际上并非如此，这完全是因为这些数字序列是计算的结果。因此，它被称为伪随机数发生器。伪随机数发生器的问题在于，数字序列会在一段时间后自我重复。并且，由于是从相同的初始状态开始的，计算机通常会遵循相同的数字序列。

量子随机数发生器能够不受限地提供更理想的结果。量子随机性能够确保，没有哪个内在机制能够决定哪一个随机数在哪个时刻出现。因此，量子随机数发生器产生的随机数序列有两个显而易见的优点。首先，它们没有任何内部规律；其次，它们从不重复。

在某些情况下，我们已经遇到过这种新的随机性。其中一种情况，是当一个发生 45 度角偏振的光子遇到一个比如说垂直方向的偏振器时，光子有一半的机会通过偏振器。这种情况是完全随机的。某一个特定光子为什么通过或不通过偏振器，都是无法解释的。

另一个出现随机性的例子是，单个粒子通过双缝组合后出现在观测屏上的位置。这种情况下，我们只能给出粒子着落在某个特定点上的概率。除此之外，一个粒子实际着落在哪里，是完全无法事先预测的。

此外，在基本层面上，量子随机性会阻止纠缠违背爱因斯坦的相对论。对此的解释是，尽管对两个纠缠粒子的观测结果是完全相关的，但却不能利用这一点以超光速发送信息，因为观测者无法控制测量结果，而这又是量子随机性带来的结果。

因此，从基础物理学角度来讲，随机性是很重要的，而且它还能够被运用在计算机和随机数发生器的现实环境中。

构造量子随机数发生器的一个不错的方法，是采用一种目前通常被称为半反射镜（见图 34）的半镀银镜。顾名思义，照射到镜子上的光有一半被镜子反射，另一半则通过镜子。也就是说，照射到这样一面镜子上的光被分成两束。因此，这种半反射镜也被称为分束器。此刻，我们假设爱丽丝和鲍勃分别站在一面半反射镜的两侧，那么两人都能通过镜子看到对方，并且还能看到从镜子反射出的自己的映象。

如果某一个光子撞击到一面半反射镜，结果会如何呢（见图 35）？单个光子属于量子粒子，无法再被继续分为两个。最终它要么出现在镜子下侧，要么出现在镜子上侧，这两种情况出现的概率相等。也就是说，这个光子有 50% 的概率通过镜子，另外有 50% 的概率被镜子反射。如果此刻我们将一个光子探测器置于镜子下侧，用以捕捉透过镜子的光子，将另一个光子探测器置于镜子上侧，用以捕捉被镜子反射的光子。那么，

图 34 爱丽丝站在半反射镜之前，鲍勃站在半反射镜之后。爱丽丝能够在镜中看到自己和鲍勃，此时两个映像光强均为原始光强的一半。

针对一个射向镜子的光子，两个探测器中有且只有一个能够记录到它，并且发出电子脉冲。至于哪一个探测器能够捕捉到光子，我们无法预测。

这一分束器特征对构建随机数发生器非常有用。我们只需将一束由单个光子构成的光投射到这一分束器上，然后在输出端放置两台探测器。对于每一个光子而言，两台探测器捕捉到

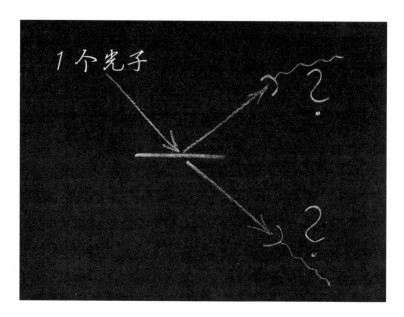

图35　一个光子撞击到一面半反射镜。此光子将被反射，还是透过半反射镜？两台探测器中，哪一台将会记录到光子？这是一个无法再细分的随机性问题。光子最终出现在哪里，完全是概率使然，没有任何深藏的内部机制。

它的概率相等。因此，两台探测器将随机地发生触发事件。现代计算机的工作原理都是基于数字 0 和数字 1 的二进制。因此，我们可以设想一下，将位于分束器下侧的探测器每次因透过光束而发生的一次触发看作 0，将位于分束器上侧的探测器每次因反射光束而发生的一次触发看作 1。那么，光子流便会产生一个由 0 和 1 组成的随机数序列。实际上，早在几年之前，在我的学生托马斯·詹内怀恩还是因斯布鲁克大学的一名学生时，便与我的几名同事一道，造出了这样一台量子随机数发生器。下面是发生器所产生的超长随机数序列中的一段：

11110110101001010110111100110011101011111100101
10110010101100010000100100011000011101001010111101001
10010011011011010101010001001100010110101111101101000
01100101110000110010100110000101011000011100101001101
10111011010000110011010110100111111000100101011101000
10000100001001010101000001100000010100110110101111100
11001100110101000100111000000000100110001000110011
10111000000001000110011010101010101011111010110010001
0110001010010001010101

　　通过多次测试，我们可以检验随机数发生器的工作是否正常，它是否能产生正常的随机数序列。其中一种做法是，检测序列中的 0 与 1 的个数是否大致相等。另外一种更为高级的做法是，检测诸如 00、01、10 和 11 这样的小序列出现的频率是否相等。当然，还有许多其他检测方法。其中有些方法非常复杂，甚至包括所产生的随机数的一些数学应用。

　　詹内怀恩将他得到的一长串随机数序列发给了几名有兴趣研究随机数的专家，并请他们以所有可能的方式对此序列进行检测。专家们的研究表明，詹内怀恩的这串序列是他们检测过的最好的随机数序列。检测结果不但强力证实了单个量子世界的随机性，而且还证明了基于量子随机性原理制造的随机数发生器非常有用。

有一个一直存在的问题是：是否有可能从数学上证明，一个给定的数字序列——比如说由 0 和 1 组成的数字序列——完全是随机的，而不是由某一数学公式或算法产生的？关键在于，这样的数学证明在原则上是不可能完成的。有一个重要的数学猜想，它约定，存在这样的数字，例如，$\pi=3.14159265\cdots\cdots$，其中包含所有可能的数字序列，每个序列出现的频率与其在一个随机数中出现的频率相同。在 π 的二进制表示中，有一个是序列 0000000000，有一个是序列 0101010101，还有一个是随机数序列 0100101100。

假如你将一个骰子投掷三次，那么得到一个随机序列（比如说⚃ ⚀ ⚄）的概率有多大呢？第一次投掷得到⚃的概率为 1/6，另外两次的概率也同为 1/6。因此，得到这个特定序列⚃ ⚀ ⚄的概率为 $1/6 \times 1/6 \times 1/6=1/216$。换句话说，平均而言，我们必须投掷 216 次才能得到一次⚃ ⚀ ⚄。

那么，得到⚅ ⚅ ⚅的概率是多少呢？算法是相同的。每投掷一次，得到⚅的概率为 1/6，因此得到⚅ ⚅ ⚅的概率为 $1/6 \times 1/6 \times 1/6=1/216$！随机序列⚃ ⚀ ⚄出现的概率与序列⚅ ⚅ ⚅出现的概率相等。这两个序列不能说哪一个比另一个更为随机，即便⚃ ⚀ ⚄看上去更随机。

由于特定序列的随机性在数学上的不可证明性，我们必须求助于我们关于随机数发生器内部工作原理的物理知识。一个现实的例子是轮盘赌。该游戏的关键之处在于，球落在任一插槽的可能性是相等的。赌场经营者会设法保证他们的轮盘赌转盘平衡性良好，机械完美，从而避免让某些数字相较于其他数字更具可能性。

量子随机数发生器的巨大优势在于，单个量子事件自身是绝对随机的。单次结果不能以任何方式进行预先确定。所有的物理过程都是量子化的，随机性也同样如此。因此，量子随机数发生器可能是最值得信赖的一种随机数发生器。

23

双光子量子博彩

　　上一章我们讨论了半反射镜，并注意到，当爱丽丝与鲍勃分别站在镜子两侧时，他们分别都会看到镜中自己的映象及透过镜子的对方的映象。两人身上发射出来的光遇到半反射镜，会被一分为二。一半光会透过镜子，另一半则被镜子反射。当我们从量子世界的角度来分析这一现象时，情况便变得更为复杂，更加耐人寻味。

　　我们假设有两个光子分别从上下两侧撞击一台分束器（见图36），然后会发生什么呢？我们已经知道，每个光子被分束器反射或透过分束器的概率都相等。因此，这便意味着可能出现如下四种情况：

　　• 两个光子都被镜子反射，最终仍各位于原来一侧；
　　• 两个光子都穿透镜子，最终各自出现在镜子对侧；
　　• 镜子上侧的光子被反射，镜子下侧的光子穿透了镜子，最终两个光子都出现在镜子上侧；

• 镜子上侧的光子穿透镜子，镜子下侧的光子被镜子反射，最终两个光子都出现在镜子下侧。

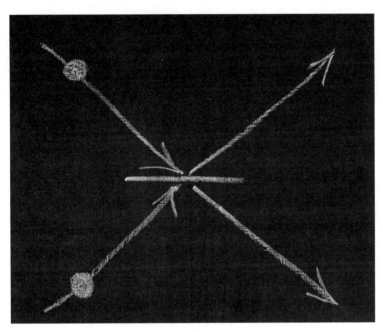

图 36　两个光子分别从两侧撞击一面半反射镜。两个光子最终会出现在哪一光束中呢？图中的两个球体仅为便于说明所画，我们不应从表面上理解它们。

　　此时，所有四种情况出现的概率相等，因为两个光子各自完全独立。看上去，一种符合逻辑的结论是，在一半的情况下，两个光子最终各行其道，这一点刚才已讨论过；在四分之一的情况下，两个光子最终都出现在向上的光束中；在另外四分之一的情况下，两个光子最终都出现在向下的光束中。

实际上，这一实验早已有人做过。1987 年，罗切斯特大学的洪廷基、区泽宇和伦纳德·曼德尔做了这一实验。实验结果不同于我们刚才的简单预测。实验表明，两个光子最终总会出现在镜子的同一侧。也就是说，两个光子永远不会分道扬镳。一半的情况下，两个光子最终会出现在向上的光束中；另外一半的情况下，两个光子最终会出现在向下的光束中（见图 37）。这该如何解释呢？

其中的真正原因，正在于我们此前了解过的量子力学叠加。两个光子中的每一个光子，在遇到镜子后都处于或者在上面光束或者在下面光束的叠加态中。严格来讲，只有在实际测量完成之后，也就是在探测器实际记录之后，我们才可以说，光子或者位于上侧，或者位于下侧。

我们之前还了解到，当甚至在原则上也不可能区分两种（或更多种）可能之中哪一种为实际情况时，叠加态便会出现。在我们的例子中，我们有两种这样的可能。一种可能是，两个光子都穿透镜子，另外一种是两个光子都被反射。如果我们无法区分两个光子，那么在分束器之后观察光子，我们将无法确定两种可能实际发生了哪一种。我们只知道，每束光里面有一个光子，但我们却无法判断这个光子是来自镜子上侧的入射光，还是镜子下侧的入射光。

因此，我们只能将这两种可能进行叠加。也就是说，我们

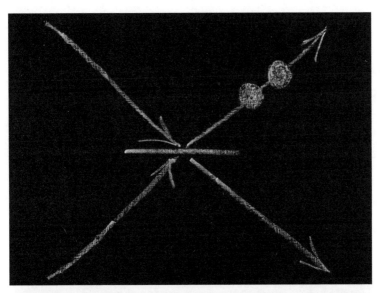

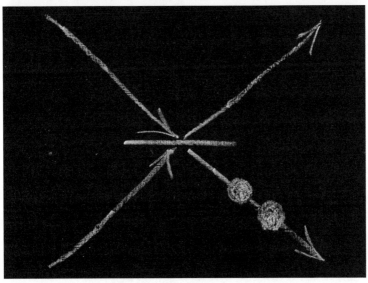

图 37　在这一实验中，两个看上去完全相同的光子总会一起出现在半反射镜的同一侧。它们或者同时出现在上侧的出射光束中（顶图），或者同时出现在下侧的出射光束中（底图）。对于这两种情况，具体探测到哪一种，完全是随机的。

必须将入射光束中的两个光子都被镜子反射的可能和都穿透镜子的可能两者叠加起来。叠加的结果是什么呢？我们还记得，在双缝实验中有两种极端的叠加情况。在一种情况下，这种叠加是破坏性的；而在另一种情况下，这种叠加是建设性的。那么现在，对于我们例子中的两个光子而言，这一叠加是破坏性的还是建设性的呢？这一点留待我们随后讨论。

首先，我们需要再次分析一个基本问题。为了能够运用叠加思想，我们必须核实两种可能是否的确是不可区分的。如何区分两个光子呢？比如，我们可以通过波长（即颜色）或偏振方式对其加以区分。我们来假设，两个光子的波长和偏振方式都相同。这便意味着，要区分二者谁是谁，无法通过观察射出光子的偏振方式或测量其波长来完成。另外，还有一种区分两个光子的重要方式，那便是通过二者确切到达探测器的时间不同来简单分辨它们。如果来自上侧光束的光子比来自下侧光束的光子更早到达探测器，那么我们便能据此简单区分两个光子。

在洪廷基、区泽宇和曼德尔的实验中，他们仔细排除了区分两个光子所有可能的方式。他们确保了两个光子在完全相同的时刻撞击到分束器，误差仅几飞秒。一飞秒为 10^{-15} 秒，即一千万亿分之一秒。因此，两个光子完全无法区分，我们便只能将两个光子都被镜子反射与两个光子都穿过镜子这两种可能进行叠加。现在的问题是，这种叠加是破坏性干涉还是建设性干涉呢？他们三人的实验结果明确地告诉我们，这两种可能会相互湮灭，因此这种叠加是破坏性的叠加。这是因为，三位实验者从未在射出光束中探测到单个的光子，二者总是一同射出（见图 37）。其中的原因相当复杂。

我们是否可以认为，这一现象适用于所有类型的粒子呢？答案是否定的。实际上，基本粒子可以分为两大类——玻色子和费米子。玻色子以印度物理学家萨特延德拉·纳特·玻色的名字命名，而费米子则以美籍意大利物理学家恩利克·费米的名字命名。举例来说，光子属于玻色子，而电子属于费米子。玻色子倾向于聚集在一起，而费米子则倾向于各自分散。一般认为，我们刚刚所讨论的光子的现象证明了光子属于玻色子，它们喜欢待在一起。拿我们刚才的例子来说，它们总喜欢出现在同一束出射光里。然而，在后文中我们会看到，这一观点未免过于局限，因为它并没有考虑到两个光子相互纠缠的可能性。当我们测试这一可能性时，我们会发现一个重要的结果。这一结果对于量子隐形传态实验至关重要。

实际上，洪廷基、区泽宇和曼德尔的实验中还有一个耐人寻味的周折。正如我们刚刚所知道的，当两个光子不可区分时，我们便能捕捉到这一量子行为。因此，他们才要确保两个光子可以同时到达分束器。但实际上，他们能够改变一个光子相对于另一个光子的延迟时长。因此，他们还可以检验两个光子不是同时到达分束器，而是在稍微不同的时间分别到达分束器的情况。在这种情况下，光子是可区分的。那么，我们从中能看出什么呢？我们完全预料到了之前所讨论的光子的行为。我们预计，在一半的情况下，两个光子会通过不同的光束射出，在四分之一的情况下，两个光子都会通过上侧的光束射出，在另外四分之一的情况下，两个光子都会通过下侧的光束射出。他们也的确观察到了这些。此外，三位实验者设法将这个时间差进行连续改变，从而能够对可区分度进行连续变化式的测量。随着不断增加时间差，他们引入的可区分度便越发明显，他们还看到干涉现象也随之慢慢消失。在两个光子以不同光束射出的情况下，他们看到可区分度会相应地缓慢增加。

纠缠光子的量子博彩

现在，我们可能会提出一个全新的问题。如果图 36 中撞击分束器的两个光子相互纠缠，结果会如何呢？我们会有什么新的发现呢？我们首先来回顾一下，要观察到图 37 所示的两个光子总是同时出现在出射光束里，条件便是这两个光子不可区分。我们考虑了两个光子呈现相同偏振方式的情况。

现在，假如两个光子发生了偏振纠缠。这一纠缠意味着，两个光子在被测量之前，都没有发生任何偏振。这时，由于测量发生在光子离开分束器之后，那我们该如何运用我们的规则呢？关键还是可区分性。我们来假设一个特殊的纠缠情景。这一情景我们已经讨论过多次，即纠缠意味着两个光子如被测量，便会呈现相同的偏振方式。因此，假如我们测量水平偏振或者垂直偏振，也就是说，如果我们测量一个光子，并且发现它随机地发生了水平偏振，那么另一个光子也会发生水平偏振。实际上，我们可以很容易地设想这样一种情况，即两个光子沿着我们可以测量的任何方向都发生相同的偏振。

在我们的实验中，如果两个这样的纠缠光子撞击分束器（见图36），那么两个光子便总会一同射出（见图37）。这意味着，如果我们在上侧的出射光中检测到一个光子，那么另一个光子也会在其中；而如果我们在下侧的出射光中检测到一个光子，那么另一个光子也会出现在其中。因此，这两个光子的一举一动就像它们拥有完全相同的属性，尽管它们尚未拥有这些属性，这是因为在测量之前，它们各自还没有发生偏振。这一点非同寻常。光子的行为并不由光子所携带的属性决定，决定它们行为的，是它们在以后被测量时将会呈现相同偏振的特性。因此，看上去，即使是两个纠缠的光子，从行为上看也像是具有一致偏振方式的两个相同光子。

然而，请等一下。我们尚没有考虑到纠缠的所有可能。还有一种形式的纠缠，是两个纠缠光子在被测量时，会呈现方向不同的正交偏振。因此，在测量结束之前，两个光子都没有呈现任何形式的偏振。然而，当一个光子被测量时，它会随机地呈现水平偏振或垂直偏振，另一个光子则呈现垂直偏振或水平偏振。然而，实际上存在一种可能的纠缠形式，即无论我们如何测量，两个光子总会呈现正交偏振！也就是说，在这种状态下，两个光子总倾向于不同。

如果处于这种状态的两个光子各自从不同侧撞击我们的分束器（见图36），会发生什么情况呢？此刻，令人感到奇怪的是，两个光子之间存在非常奇特的不同。它们尚没有呈现偏振。但是，如果我们决定对它们进行测量，它们便会显示出它们之间存在不同。假如此刻我们再次提问：如果我们在每一条出射光束中捕获一个光子，我们能区分它是来自哪里的吗？我们的第一反应可能会是，我们得测量一下偏振情况，因为两个光子的偏振情况不同，我们一定会将二者分清楚。

然而，请再等一下。一开始，我们只知道，两个光子将会呈现正交偏振，但我们并不能将两个光子区分开。因此，假如我们在向上射出的光束中捕获一个水平偏振的光子，此刻我们无法判断这个光子来自哪一条光束，因为它可能来自两条光束中的任何一条。这两个光子没有偏振。换句话说，如果我们在每一条出射光束中都捕获一个光子，我们无法判断它们是被镜面反射的还是透射过镜面的。因此，这里面一定有干涉现象。此刻，我们唯一要问的是：这种干涉是建设性的，还是破坏性的？对于现在发生的事情，存在明确的理论原因，但我们在这里不能一一列出，因为如果这样，将意味着我们得深挖一下量子力学了。

然而，我们还是可以诉诸实验的。实际上，1996 年，我和其他几个人在因斯布鲁克首次进行了这一实验。实验结果表明，仅有图 38 中的情况出现了。即在每一束出射光中，总有且仅有一个光子。两个光子从不一同出现。我们要记住，这两个光子处于耐人寻味的纠缠态，总呈现正交偏振；不管我们测得第一个光子呈现何种偏振，第二个光子总是表现出与它正交的偏振。

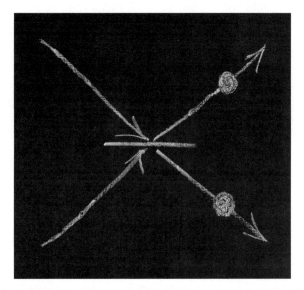

图 38　在任何测量状况下，两个总处于正交偏振的纠缠光子，分别自分束器的两侧撞击分束器。此时，两条出射光的每一条中都会只出现一个光子。图 37 中的情况则永远不可能出现。

　　如何用干涉的观点来理解光子的这一行为呢？我们注意到，光子对中的两个光子最终分别以何种形式射出，存在两种可能。它们要么都被分束器反射，要么都穿过分束器。这时，这两种可能便是建设性的干涉。两个光子已经不可能同时在同一出射光中射出了。也就是说，图 37 中的情况不可能再发生。

　　实际上，这一现象与两个光子呈正交偏振这一事实有关，与我们测量什么无关。此时，两个光子总不相同，总处于不同的状态，而这正是费米子的特性。我们曾介绍过两种粒子——玻色子和费米子。玻色子之间倾向于雷同，而费米子则喜欢不同。现在，最重要的是，虽然光子属于玻色子，但它们同样可倾向于各自拥有不同的状态。这一点正是我们刚才所讨论的实验中的情况。光子之所以能够如此，原因在于它们拥有更多的自由度。在我们的实验中，光子除了偏振方式不同，它们射向分束器的路径也不同。

由此，我们便得出了一个耐人寻味的结论。如果我们将两个光子分别从两侧发送至一个分束器，二者通常会表现得规规矩矩，就像玻色子那样。在这种情况下，二者最终会一同出现在任意一条出射光束中。因此，发现两个光子位于同一条出射光束，并不会使我们获悉多少有关它们偏振情况的信息。一开始，两个光子可能会呈现相同形式的偏振，比如均呈现水平偏振或垂直偏振；另外，两个光子也可能处于这样一种纠缠态，当被测量，二者的偏振方式相同。

然而，还有一种两个光子行为完全不同的情况。这种情况下，两个光子以以下方式纠缠，无论我们以何种方式测量，它们的偏振方式总不相同。在这种情况下，两个光子便不再像循规蹈矩的听话的小玻色子了。此时，尽管它们本质上还是玻色子，但它们在行为上已经像费米子了。撞击分束器之后，二者总会分道扬镳。

这一点会产生非同寻常的实验结果。例如，我们拿一个分束器，分别从两侧向其发射一个光子。然后，我们来判断两个光子最终从同一光束射出还是各自从不同光束射出。如果两个光子最终出现于同一光束，那么关于光子入射时的状态，我们便没有多少需要描述的内容，二者可能各自偏振，也可能相互间处于纠缠态。但是，如果二者在确切的同一时间自不同光束射出，我们便能确切地判断出，两个光子此前一定处于我们刚讨论过的特殊纠缠态。因此，这便给我们提供了识别某种纠缠方式的独一无二的简单方法。我们已经发现，有时候光子在行为上会像费米子。结果，这一发现会给许多实验带来关键影响，包括那些有关量子隐形传态的实验。

24

量子货币——宣告假币覆灭

有时候，时代会大大落后于思想。比如，对于我们想象中创建的一栋建筑，我们不一定会有足够的技术支撑。对于法国作家儒勒·凡尔纳的许多故事来说，情况尤其如此。如果凡尔纳的时代有"科幻小说"一词，那么凡尔纳的作品则一定会被如此冠名。通常，这样的想法都会激发新的进步。量子物理学中便发生了这样的一幕。

1970年，当时还在哥伦比亚大学的年轻的物理学家史蒂芬·威斯纳产生了一个设想。2010年之后，这一设想仍未得到实验证实。威斯纳发明了量子货币。量子货币的一大特点是，它永远不会被伪造。同时，它也不可能在将来被伪造，除非将来有一天量子力学从根本上被证明是错误的，当然这种可能性微乎其微。

人们可能会认为，许多机构，例如美国联邦储备银行等，会立即拥护这一想法，因为毕竟每年世界各地都会出现大量的假钞。但实际上，威斯纳的这一设想在商业界和银行界都没有激起任何反响。

更糟的是，威斯纳甚至无法将他的设想发表在科技期刊上。这恰恰说明，这一设想在当时是多么超前。足足过了十多年，威斯纳的论文才发表在了一份甚至在物理学界都默默无闻的期刊上。这份期刊由美国计算机协会（ACM）的算法和计算理论兴趣小组出版。总之，威斯纳的论文开创了一个新领域，即量子力学在信息编码与传输方面的应用。

实际上，威斯纳的设想并不复杂。世界上任何地方的钞票上都印有独一无二的号码，这些号码能够帮助银行追踪货币的流向。同时，这些号码还有一些其他的用处，比如说用于追踪绑匪通过敲诈或勒索牟取的货币。钞票上的号码清晰可见，所有人都能读得出来。

威斯纳的设想，是将量子态运用于钞票上印刷的序列号（见图39）。理论上，这一想法是正确的，尽管要从技术上实现仍有待观察。一种可能的情况是，将水平偏振或垂直偏振的光子放置在纸币上的某一个位置。比如，我们可以在两面超微小的完备镜子之间捕捉一个光子。这两面小镜子一面位于纸币的正面，一面位于纸币的背面。另外，除了光子，我们还可以使用其他的粒子代替——比如说电子，为的是利用它们自旋的特殊性质。但在实践中，人们对这些操作能否实现并没有展开过研究，因为它们对目前的量子技术要求太高，实现难度过大。既然物理原理是相同的，我们便可以用光子的偏振来分析这一设想，因为对于光子的偏振，我们目前了解较多。

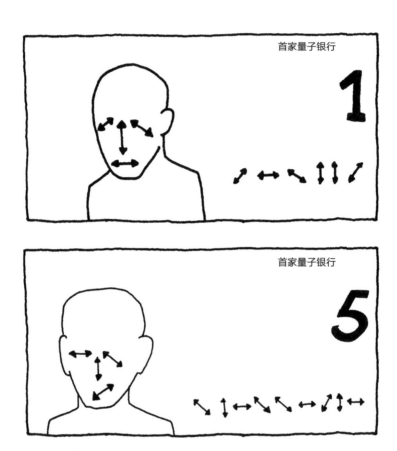

图39 不可伪造的量子钞票。每张量子钞票所对应的独一无二的号码是使用量子比特印制出来的。由于量子无法被克隆，因此这种量子货币便无法被伪造。实际上，图中双箭头所示的量子比特的所谓特定状态，只是为了便于说明。它不能被直接看到，也不能被直接测量，除非有人早已知道了号码是什么。这一信息仅限于印制货币的国家银行知道。

对于威斯纳的设想来说，关键在于不仅需要有水平偏振和垂直偏振的光子，还需要有从垂直方向向右和向左旋转45度角偏振的光子。我们将这两种偏振分别称为 S 和 T。

因此，纸币上一个标准的序列可能为 HSVVSTHSV（H代表水平偏振，V 代表垂直偏振，S 代表从垂直方向向右旋转45 度角偏振，T 代表从垂直方向向左旋转45 度角偏振）……为了伪造这样一张纸币，需要读取上面的号码，从而印制出一张带有相同号码的新钞票。序列号是伪造纸币达到以假乱真程度所必需的，因为任何国家银行发行的钞票，其序列号只能是所有可能序列中的有限部分。如果伪钞上的号码不在合法序列号范围之内，则其很容易被发现。

那么，对于这样一张独一无二的钞票上的量子号码，应当如何读取呢？

要读出我们的序列 HSVVSTHSV，伪造者得测量每一个光子的偏振状态。例如对于第一个光子，伪造者测得结果为 H。此时，下一个光子便给他制造了麻烦。如果他继续基于 H-V模式进行测量，对于第二个数位，他会随机得到或为 H 或为V 的结果，而不会得到任何关于结果是 S 或 T 的信息。只有知道第二个光子是以旋转45 度角的方式编码时，他才可能得到正确的结果。因此，为了能够正确读取量子号码，我们必须知道每一个光子是以普通的 H-V 模式编码还是以 S-T 模式编码。也就是说，对于每一个量子数位，伪造者都必须知道这一信息，即偏振器的偏振方向序列。然而，这一信息只掌握在国家银行手里。实际上，国家银行对每一张量子钞票的这一信息保密，当需要确定某张钞票是否被伪造时便可以使用这一信息。

在威斯纳关于不可伪造量子货币的设想里，首次出现了几个基本思想。

第一个思想，是将信息编码成两种不同类型的正交量子态（H-V 态或 S-T 态）。伪造者基于错误方式测量量子系统不会得到有用信息，而只会得到随机结果。今天，我们把这一方法叫作共轭编码。

威斯纳论文中首次提到的另外一个重要思想，是量子态无法被克隆。后来，这个著名的量子不可克隆定理被得克萨斯大学的威廉·K.伍特斯与加利福尼亚理工学院的沃依切赫·休伯特·祖雷克从数学上做出了证明。量子不可克隆定理说的是，不可能制造出一台机器，使得任意输入一个未知量子态粒子，而后输出状态相同的两个粒子，一个为原始粒子，另外一个为完全相同的被复制粒子。正是量子不可克隆定理的存在，才阻止了伪造者复制量子货币。

实际上，不可克隆定理在生物学上也会产生一种可能的结果。如果某一时刻生命系统的遗传信息是以量子态编码的，那么克隆有机体将是不可能的。今天，生物界普遍认为，我们的DNA（脱氧核糖核酸）中所携带的信息是经典信息，从某种意义上说它具有明确的状态。然而，没有人知道，将来有一天，是否会有人发现例外的情况。

从经典比特到量子比特

在不可伪造量子货币的设想中，史蒂芬·威斯纳不经意间引出了我们今天所称的量子比特的概念。

所有的现代数字计算机都是以比特作为基本信息来运行的。比特的状态或为 0，或为 1。一台计算机便包含了这些比特状态的物理实现。从根本上讲，任何一种物理状态或物理特征都可用于对状态 0 或 1 进行编码。比如，一种最简单的现实情况是手帕上打的结。没有打结代表 0，打结代表 1。另一个比特的物理存在形式便是开关的位置。"关"表示 0，"开"表示 1。实际上，这类开关曾被用于最早的一批电子计算机。它们是以电子继电器形式存在的，并通过计算机的电流开启和关闭。

在现代计算机中，比特是通过电路中一个特定电压、CD（小型光碟）上的一个凹坑或磁带的磁化等形式来实现的。从物理学角度来看，比特的物理表现有两个重要特征。首先，对应于 0 和 1 的两种状态应当是稳定的和不会相互转变的。其次，它们应当容易被识别。

对于通信技术，情况同样如此。目前，大部分的高速通信都是通过光来实现的。光束经过调制之后，便会被赋予诸如语音、电视节目或其他内容。使用越来越少的光对给定数量的信息进行编码，是重要的技术进展。由于光是由我们所熟悉的光子这种粒子组成的，因此我们便会提出这样一个问题：如果使用更少的光粒子去解码一个比特的信息，会出现什么情况？很明显，当一个比特信息为一个光子即一个光量子所携带时，便达到了一个极限。回到我们的例子中，线偏振可能被用于对光子上的信息进行编码。此时，水平偏振可能对应 0，垂直偏振可能对应 1。因此，我们便再一次拥有了两种很容易被识别为信息载体的状态。

一旦我们使用单个量子粒子作为信息载体，那么便会出现全新的情况，其中之一便是量子叠加。我们知道，一个光子不仅可能处于水平偏振和垂直偏振状态，而且还可能处于叠加态，比如 45 度角偏振状态（见图 15）。这是一种水平分量和垂直分量相等的叠加。在信息论的语言中，这样的一个量子比特可被认为是 0 和 1 的叠加。因此，从某种意义上来说，它同时携带着两种信息。只有量子比特才可能处于这种叠加态，而经典比特则永远无法实现这一点。由此，便产生了新的编码和传输信息的方式。威斯纳能够在钞票上写出量子号码，正是利用了这一可能性。实际上，威斯纳量子号码中的单个比特便是量子比特。

这种双态系统的概念在物理学中已存在了相当长的时间。若想要了解量子力学的基本特征，双量子态系统是我们可以研究的最简单的系统之一。过去，双量子态系统被简称为双态系统。1993 年，凯尼恩学院的本·舒马赫提出了量子比特这一名字。这实际上就像是给整个量子信息家庭创建了一个品牌名称。比如，牛津大学量子计算中心的网址便是 www.qubit.org。

总之，后来有许多运用量子态去传递或处理信息的想法都采纳了威斯纳关于不可伪造量子货币的设想。其中便包括我们已经讨论过的量子密码学。1984 年，通过使用单量子比特，查尔斯·贝内特和吉尔斯·布拉萨德首先提出了量子密码学；1991 年，通过使用纠缠态，牛津大学的阿图尔·埃克特也提出了量子密码学。

量子比特也能够相互纠缠，这是超越经典物理学的量子物理学的另外一个特点。纠缠量子比特一个有重要意义的应用是超密编码。超密编码由贝内特和威斯纳于 1992 年从理论上提出，后面我们将对此进行探讨。

25

量子卡车的超载运输

　　本章的题目看起来耐人寻味。我们来看一下它到底说的是什么。每一辆卡车都有一个装载能力，比如说一吨。当你往已满载的卡车里继续装载时，卡车便会超载，卡车的某些部件，比如说轮轴便可能坏掉。如果我们愿意，我们便可以将量子比特看作最小的卡车。量子比特装载的是信息。在本章中，我们将会看到，一个单量子比特确实可以被用于发送一个比特的信息，这便是它的信息承载能力。不过更为有趣的是，如果一个单量子比特是一组纠缠对的一部分，它便可被用于发送两个比特的信息，这大于它的信息承载能力。

　　我们首先来看一个问题。如果我们说，信息是由值为 0 或 1 的比特表示的，那么这具体代表什么含义呢？什么类型的信息是 0 或 1 呢？

　　这一问题本身并没有任何意义，我们需要讨论一下信息的含义。关于信息的含义，没有一个统一的答案。然而，我们可以说，我们对于世界的认知是通过陈述来表达的。

比如，一个陈述可以是"下雨了"。

另外一个更为复杂的陈述，可以是"高个子蓝眼睛的孪生子的数量不可能超过高个子深褐色头发的孪生子数量与金黄色头发蓝眼睛的孪生子的数量之和"。

这一类陈述要么是正确的，要么是错误的。对于难以确定的情况，我们要予以排除。有时候，我们并不确定是不是真的下雨了，会存在一些模糊的情况。另外，有时候我们甚至无法确切回答诸如"一个针尖儿上能坐几个天使"这样的问题。不过，为简单起见，让我们仅来看一下那些能够被明确判断是否正确的表述：

下雨了。	错误，至少在我写下这句话时。
美元是美国的货币。	正确。
这本书不足十页。	错误。
高个子蓝眼睛的孪生子的数量不可能超过高个子深褐色头发的孪生子数量与金黄色头发蓝眼睛的孪生子的数量之和。	正确，纠缠量子对除外。

因此，只有两种可能，正确或错误。我们的比特同样也

仅有两种可能，或为 0，或为 1。因此，我们很容易便可以将"正确"或"错误"的回答看作比特值。0 与 1 代表不同的答案，因此我们现在只需要搞清楚 0 代表"正确"还是"错误"，那么 1 将表示另一个。这只是一个双方达成一致的问题，因此不需要解决其他问题。假如我们希望通过互发比特进行沟通，那么我们便需要就 0 与 1 所代表的含义达成一致。下面的对应关系的选定是出于习惯，并不是非如此不可。

正确：1

错误：0

同样地，我们也可以用"是"和"否"，用 0 代表"否"，用 1 代表"是"。

如果我们希望与某人建立通信，我们必须选择一个信息载体。信息发送者鲍勃希望发给爱丽丝某一信息。这一信息必须用 0 或 1 来表示。爱丽丝与鲍勃可以选择单个光粒子，即我们所说的光子。他们决定，一个水平偏振的光子表示 0，一个垂直偏振的光子表示 1。

于是，爱丽丝问鲍勃："你要与我共进午餐吗？"

如果爱丽丝从鲍勃那边收到一个垂直偏振的光脉冲，那么她便会欢欣鼓舞，因为鲍勃给了她肯定的回答。如果她收到的是一个水平偏振的光脉冲，那么她只能另寻他人了。

因此，鲍勃可将一个比特的信息编码到他的光子中去。这一个比特的信息便是当使用偏振时光子的信息承载能力。我们可能会问，通过运用叠加，鲍勃可否发送更多的信息。情况并非如此。比如，如果他发送了一个 45 度角偏振的光子，那么爱丽丝则只有一种得到正确答案的方式，即同样以 45 度角测量它。如果爱丽丝以任意其他方式测量这一光子，那么她便只能得到一个随机的答案。

因此，看起来量子比特的量子本质并没有起到任何作用。然而，贝内特与威斯纳却认为，如果我们考虑到纠缠，便会发生耐人寻味的事情。实际上，超密编码的原理本质上并不复杂，这一点我们将从下面的实验中看出来（见图 40）。

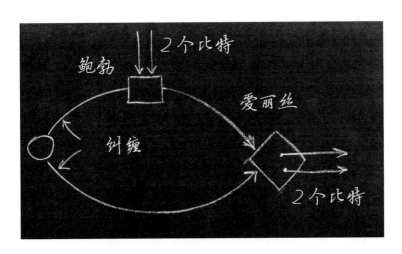

图 40　超密量子编码的原理。发射源（图左侧）发射一组纠缠光子对，两个光子分别沿两条不同路径到达爱丽丝一侧（图右侧）。鲍勃一侧只能通过两个光子中的一个，但他仍可以向爱丽丝发送两个比特的信息。通过操控自己的光子，鲍勃能够对两个光子间特别形式的纠缠进行修正。由此，爱丽丝接收到了两个光子，并提取出了两个比特的信息。

通过产生纠缠比特对，爱丽丝与鲍勃开始了他们的实验。在实验中，这些纠缠比特对就是光子对。鲍勃这边有光子对中的一个光子，爱丽丝那边则有另外一个光子。

现在，鲍勃希望将信息编码到他的量子比特上。他通过旋转它的偏振来做到这一点。我们知道，对于纠缠的单个粒子或者量子比特，其自身并没有本征的量子态，因此它们不携带任何信息。实际上，无论我们基于何种方式测量一个最高度纠缠的量子比特，我们总会得到一个随机的结果。那么，如果得到的总是随机结果，我们又该如何编码信息呢？问题的关键在于，尽管一个量子比特并不拥有其自身的量子态，但它与另一个量子比特的关系却是非常明确的。两个量子比特一起，便构成了独一无二的纠缠态。因此，如果鲍勃改变了他的量子比特，他实际上也改变了他与爱丽丝所拥有的两个量子比特的共同纠缠态。由此，另外一个纠缠态便会产生。

实际上，仅通过摆弄量子比特，鲍勃便可以实现四种不同纠缠态中的任何一种。这一点的确意义非凡。当鲍勃什么都不做时，原始纠缠形式就会继续存在。同时，要达到其他三种纠缠态，鲍勃一般可选择围绕三个可能的正交轴（右-左，前-后，正-负）以适当方式旋转他的量子比特。就这样，鲍勃以四种方式中的一种来操控他的量子比特，并将其发送给爱丽丝。然后，爱丽丝便可以确定，她的量子比特和她刚从鲍勃处接收的量子比特目前处于四种纠缠态中的哪一种。

这一点的确令人兴奋。现在，通过确定两个量子比特的纠缠态，爱丽丝便可以识别四条可能的信息，其数量是鲍勃仅发送给她一个非纠缠量子比特时的两倍，因为一个量子比特可以携带两种可能：0 或 1，是或否，等等。

四种可能的结果实际上对应的是两个比特的经典信息，因为考虑到每个比特都带有状态 0 和状态 1，那么便存在四种可能：00、01、10 和 11。显然，在整个过程中，我们需要两个量子比特来传递两个比特的信息。然而令人高兴的是，鲍勃却只需要操控两个比特中的一个。因此，尽管一个量子比特仍只携带一个比特信息，但如果与另外一个量子比特发生纠缠，它便可以携带超过一个比特的信息。

1995 年，贝内特与威斯纳的理论思想在一个真实实验中得到了证实。实验由克劳斯·马特尔、哈拉尔德·魏因夫特、保罗·G. 奎亚特和我本人在因斯布鲁克大学完成。在这一实验中，纠缠量子比特实际上以纠缠光子对的形式出现。

这些光子对发生的是偏振纠缠。鲍勃将他希望发送的信息传递给了他的光子。为了实现这一点，鲍勃要么什么都不做，即放任光子自由行动，要么只将光子的偏振向两个方向做旋转。而后，他便将他的光子发送给了爱丽丝。同时，爱丽丝也从发射源直接接收到了另外一个双生纠缠光子。通过同时测量两个光子，爱丽丝便能够确定两个光子的纠缠方式了。由于技术原因，实验中爱丽丝仅能区分三种不同的可能。

最终，爱丽丝成功识别了三条不同的信息。相较于没有纠缠时能够传递两条信息的情况，这已经是显著的进步了。这一实验明确证实了贝内特与威斯纳的设想。因此，一个处于纠缠态的光子能够传递较其所能承载的更多的信息。单个光子在其偏振中仅能携带一个比特的信息，而当存在另一个与之纠缠的光子时，它便可以传递超过一个比特的信息。实际上，这个实验首次运用了量子信息协议中的纠缠，证实了运用纠缠能为通信和计算开辟全新的可能。

26

纠缠原子发射源及早期的实验

粒子怎样才能发生纠缠呢？如何才能产生纠缠光子呢？

产生纠缠光子的第一种方法是使用原子。原子被激发时，便会发光。我们通过观察荧光灯便能看到这种现象。对我们来讲，一个非常重要的事实是，有些原子在以适当方式被激发时，会先后发射出两个光子。在某些情况下，发射出的两个光子会发生偏振纠缠，其方式本书已经讨论过。在实际实验中，原子的激发通常通过向其照射激光来实现。在首批违反贝尔不等式的实验中，这种原子发射源便被使用了。

1972 年，斯图尔特·J. 弗里德曼和约翰·克劳泽通过一次实验，首次违反了贝尔不等式，并因此证明了我们不能以一种"合理"或定域实在论的方式去解读自然。克劳泽当时是加利福尼亚大学伯克利分校的一名博士后研究员，他与当时的研究生弗里德曼展开了合作。说起来，这一实验还有一段有趣的历史。

贝尔写于 1964 年的论文在一开始并没有得到物理学家们的太多关注。艾伯纳·希莫尼是一个例外。他在第一时间便意识到，这篇论文非同小可。希莫尼有幸在两个领域接受过良好教育，并且最终将两个领域富有成效地、创新性地结合在了一起。这一点在科学历史上实属罕见。希莫尼师从诺贝尔奖得主尤金·维格纳，成为一名物理学家，还师从鲁道夫·卡尔纳普，又成为一名哲学家。卡尔纳普是维也纳学派的成员。维也纳学派是一个哲学组织，在 20 世纪初彻底改变了哲学的面貌。由于纳粹的迫害，卡尔纳普被迫移民到美国，成了芝加哥大学的一名教授。

当时还在波士顿大学的希莫尼意识到了贝尔论文的重要性。那时候，有一名叫作迈克尔·霍恩的学生向希莫尼请教博士论文的适当课题，他便给霍恩看了贝尔的论文，并建议霍恩将这一论文转化为一个真正的实验。最终，霍恩与希莫尼发现，利用原子发射的光子对进行这一实验的确切实可行。

他俩向哈佛大学教授弗兰克·皮普金提请了实验计划，并与皮普金的学生弗兰克·霍尔特一起制订了在哈佛大学进行实验的详细计划。当霍恩、希莫尼和霍尔特三人研究实验细节时，希莫尼看到了一篇哥伦比亚大学年轻的研究生克劳泽提交给美国物理学会的一次会议的演讲摘要，在这篇摘要中，克劳泽的提议与他们的基本相同。

科学家们在遇到类似的情况时往往会进退两难，他们应当竞争还是合作呢？当时，他们决定采取既合作又竞争的方式。

克劳泽、霍恩、希莫尼以及霍尔特一道发表了他们的计划。然后，霍尔特与皮普金着手在哈佛大学做实验，而克劳泽则搬到伯克利，在那里采用一种不同的原子进行实验。

1972 年，克劳泽与弗里德曼的实验结果违反了贝尔不等式。大多数物理学家因此断言，世界是非定域性的。然而，我们此前已经讨论过，这并非唯一可能的解释。

不过，令人惊讶的是，克劳泽事先预测的实验结果与事实恰恰相反。他预计，贝尔不等式不会被违反。他认为，这个世界根本不可能疯狂到定域实在性会是错误的。他能够在实验室里获得意料之外的发现，实际上是他作为一名优秀的实验家的标志。克劳泽没有想到他的实验结果会如此出乎他的预料。

与此同时，在哈佛大学，霍尔特与皮普金的实验并没有违反贝尔不等式！他们决定不发表实验结果，而是展开了寻找系统性错误来源的漫长而无果的搜寻。几年之后，克劳泽用霍尔特-皮普金原子重复了他的实验，观测到了对贝尔不等式的违反，从而证实了他对量子物理学的预言。

弗里德曼与克劳泽首次实验之后，又出现了一系列其他的实验方法。其中一些方法更加精准、细致地违反了贝尔不等式。比如阿兰·阿斯佩带领的一个小组在巴黎附近的奥赛进行了一系列美妙绝伦的实验，迈出了极为重要的一步。当时，阿斯佩的主要合作者有费利佩·格朗吉耶、让·达利巴尔和吉拉德·罗歇。

当阿斯佩一开始计划进行这些实验时，他与贝尔就他是否应该这么做进行了讨论。当时，贝尔的第一个问题便是"你的立场是否会一成不变？"。得到阿斯佩的肯定回答之后，约翰·贝尔才鼓励他去做这些实验。事实上，这些实验极具挑战性，并且将耗费相当长的时间。或许是因为考虑到了这些，贝尔才问出了这样一个问题。然而，更令阿斯佩担心的是当时物理学界的态度。当时，量子物理学基础方面的研究工作被认为是左道旁门。对此，作为本书的作者，我在自身的职业生涯中也深有体会。幸运的是，现在的情况已经有了改变。

阿斯佩的实验有三个关键点。第一，他能够通过相较于以往实验精度高得多的实验证明对贝尔不等式的违反。第二，他首先使用了偏振分束器，也就是说，他能够使用两个光子的两种偏振。在早期的实验中，人们使用的仅仅是简易的偏振过滤器，从而只能观察到穿透过滤器的偏振。第三，阿斯佩和他的团队在实验中首创性地在光子飞行途中改变偏振测量方向。

如前所述，一个关键问题是，至少在理论上两个测量站能否互相告知——或者说发射源能否知道——针对每一个光子具体将会进行什么测量。如果这一点在理论上是可行的，那么便可能存在某种未知的通信形式，从而确保量子力学所预测的结果在实验中能实际发生。这将会是一个定域实在性的解释，我们从直觉上是可以接受它的。当然，这是一个可能性不大的可能。但原则上，我们不能仅凭逻辑上的理由便排除它。

实验中，在两个偏振测量站之间，阿斯佩通过定期来回切换不同方向的偏振器的方式对每个光子进行测量。切换动作非常快，以至于光子尚在飞行途中切换便已完成。

阿斯佩的实验在排除未知通信这一方向上迈出了一步。可是，实验排除了哪些未知的通信呢？首先，我们注意到，切换动作是周期性的。因此，在什么时间采用哪一个方向的偏振便都是预设好的。这在一个仪器不能记忆的模型中是不重要的。当我们问哪些特定的通信速度可以被排除时，我们注意到，发射源与偏振器之间的距离设定其实并不能排除以光速进行的通信。然而，这一实验的重要性不言而喻，因为它不仅贡献了一个真正的杰作，而且首次测试了通信漏洞问题。

27

超级发射源与通信漏洞封堵

　　早期实验中使用的基于原子的纠缠光子发射源有一个非常大的缺点。一般来说，一个受激发原子可将光子发射到许多不同的方向。因此，如果我们恰好捕捉到了一组纠缠光子对中的一个光子，这绝不意味着我们必然能捕获另一个。如果在特定的偏振测量站检测它们，我们会发现许多光子对都丢失了。

　　目前，发射偏振纠缠光子对最好的方案来自晶体内部一种非常特殊的过程。这一过程被称为自发参量下转换（SPDC）。对此，我们不必了解细节，只需要看一下它的作用方式。我们取一种特制的晶体，然后用一束强激光照射它。最终，来自强光束的一个光子在透过晶体之后被转换为两个光子，看上去，这很像是一个光子衰变成为两个光子。要实现这一过程，晶体必须具备某些性质。目前，实现这一过程最好的晶体是人工制造的。

　　这一转换过程运用了某些定律。对于足够大的晶体，这一过程在本质上与能量和动量守恒有关。也就是说，两个新生成的光子，其总能量与来自强激光束的原始光子的能量相等。同理，对于动量也是如此。但除此之外，每个光子的能量和动量都没有确定。于是，这两个光子便会发生能量和动量上的相互纠缠。如果对其中一个光子进行测量，那么它便会在瞬间具备某一能量和动量。此时，要满足能量守恒定律和动量守恒定律，另一个光子则必须具备相对应的能量和动量。

　　一种更有用的发射源会发产生偏振纠缠光子（见图41）。这一过程同样为自发参量下转换，但略有不同。两个光子中的任何一个都可以从自己的光锥里出来（见图41）。同时，在每个光锥内，光子都会发生偏振。在一个光锥中，光子发生垂直

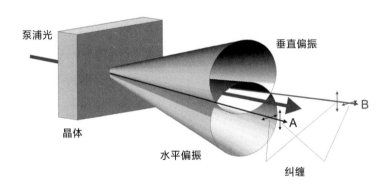

图41　能够产生偏振纠缠光子的自发参量下转换。一束强激光即泵浦光，射向一个特制的晶体。在晶体内部，来自泵浦光的一个光子可被转变为两个新的光子。这两个光子沿着光锥被发射，每个光子位于各自的光锥内部。构成一组光子对的两个光子，在各自的光锥中总是彼此相对应。二者都呈现偏振，一个呈水平偏振，另一个呈垂直偏振。整体看上去，两个光锥交叉产生了两条交叉线。沿着这两条交叉线被发射出的一对光子并不知道自身会产生何种偏振，然而它们却知道，它们的偏振之间必然正交，由此便产生了纠缠。

偏振；在另一个光锥中，光子发生水平偏振。一个最为显著的特点是，两个光锥互相交叉。沿着交叉线，其中一个光子既可以水平偏振，也可以垂直偏振，而另一个光子偏振方式则恰恰相反。至于二者哪一个发生哪一种偏振，则无法确定。因此，两个光子的状态可以是 HV，也可以是 VH，但具体是哪一种状态，我们无法完全确定。因此，如果难以区分两种情况，那么便说明出现了一组偏振纠缠光子对。

这种发射源有许多优势。第一，它的功率可通过调节入射光束的功率来调节。第二，偏振纠缠具备极高的纯度。也就是说，如果我们发现一个光子呈垂直偏振，那么另外一个光子几乎一定呈水平偏振，反之亦然。第三，两个光子射出的方向清晰和明确，因此它们很容易被用于复杂的仪器，或被拐角处的镜子传送，或被耦合到光纤中，等等。这种类型的发射源已成为许多纠缠实验的主力仪器。

1997 年，这种高质量的发射源在一项实验中派上了用场。在这项实验中，通信漏洞被彻底堵住了。这项实验是由格雷戈尔·维斯、托马斯·詹内怀恩、克里斯托弗·西蒙、哈拉尔德·魏因夫特与我本人在因斯布鲁克大学完成的。我们的实验证明，两个测量站之间的任何通信都可以被排除在外。正如前文提到过的，关键是要使用完全没有周期性的可统计切换的偏振器。光子对在校园中心的一座建筑中产生，然后这两个光子被分别传递至彼此相距 300 米远的两个测量站。这个实验的重要之处在于，在最后一刻两边的偏振被改变了。我们通过运用一台电光调制器，根据施加在其上的电压成比例旋转偏振方向。这些电光调制器由量子随机数发生器来驱动。偏振切换的速度非常快，在光子到达各自的偏振器前的最后几米，其偏振方向才得以确定。在此之前，没有任何关于测量未来特定光子方向的信息。如果要告知一边的光子另一边正在被测量的是哪一种偏振，那么任何与此相关的信息，其传播速度就必须大大高于光速。由于这一点已被爱因斯坦的狭义相对论排除，因此我们便可以从实验中得出确定的结论：两个测量站之间的通信并不能用来解释实验中观察到的对贝尔不等式违背的现象。在任何情况下，无论如何解释，此实验都明确证实了量子纠缠的存在，即便是在完全相互独立的测量站之间。

28

多瑙河岸的量子隐形传态

现在，让我们再回到本书一开始，鲁珀特在维也纳多瑙河岸进行的那个隐形传态实验。此刻，我们对于这一实验的各个部分已经了如指掌，剩下的便是将它们组合起来。

此时正值五月份，我们再次驱车前往鲁珀特实验室所在的多瑙河上的那个小岛。五月份的维也纳风光秀丽，公路的两旁长满了郁郁葱葱的栗子树，树上开满了怒放的花朵。与鲁珀特一道，我们再次来到了他的地下实验室，实验室里堆满了激光器和光学仪器。这一次，我们打算探个究竟。之前我们已经了解了隐形传态实验的基本要件，现在它们就在我们面前闪耀登场。鲁珀特将我们的目光引向了一张关于这个实验的结构说明图（见图 42），他显然为自己的实验感到骄傲。他告诉我们，实际上，实验最出彩的部分发生在光纤内部。然后，他指向了发射源。那是一套造价高昂的大型激光系统。

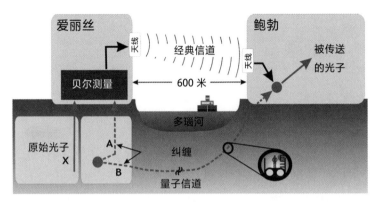

图 42　多瑙河量子隐形传态实验。爱丽丝与鲍勃两侧经两条信息通道连接。河面之上的无线电波路径是一条经典信道。纠缠光子 A 与 B 则沿光纤传递，这条路径为量子信道。光纤电缆穿过多瑙河下的一条地下隧道。爱丽丝传送原始光子 X 的状态。为了实现这一点，她对 X 与 A 实施了一次联合贝尔态测量。如此，二者便实现了相互纠缠。通过经典信道，爱丽丝将这一特定的纠缠传递给了鲍勃。在一种可能的纠缠结果中，鲍勃无须做什么，他的光子便会立刻处于原始光子 X 的状态。在其他情况下，鲍勃必须根据通过经典信道接收到的信息来旋转他的光子 B 的偏振角度。在这些情况下，被传送的光子便会等同于原始光子 A。在这一过程中，原始光子 A 的自身属性会丢失。

　　鲁珀特骄傲地笑着说："建这套设备花的钱足够你为一个小家庭买套房子了。"

　　"关键的一点是，"他告诉我们，"激光系统产生的不是连续的光束，而是疾速接续的激光脉冲。每次脉冲持续时间约为 150 飞秒，系统每秒约产生 8000 万次光脉冲。"我们知道，一飞秒等于一千万亿分之一秒。"这样算来，"他说，"尽管两次脉冲的间隔时间看起来很短，然而这一间隔时间长度却是单次脉冲自身时长的大约十万倍。这就好比有一座灯塔，每天闪烁一次，每次闪烁时长为一秒钟。"然后，他又向我们解释了光子发射处的设计构造。"这座灯塔显然不怎么样，但每一名水手深知，灯塔闪烁次数越少，其代表的事情越重大。每秒钟闪烁大约 8000 万次，我们足可以想象，激光器发射的单次脉冲持续时间该有多么短。"

看着我们大感不解的样子，鲁珀特继续耐心地讲解起来。

"你们可能会觉得奇怪，我们为什么需要如此短时间的光脉冲。这并不代表闪烁自身有多重要，而是与量子的不可区分性有关。随后我们将会谈到这一点。"然后，他又继续给我们讲起了装置结构（见图 43）。

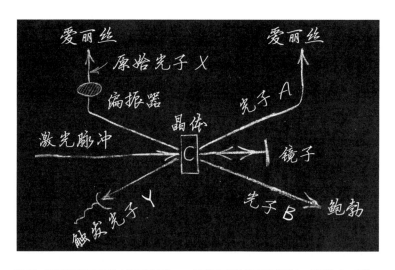

图 43　量子隐形传态实验中光子的产生。一个时间极短的激光脉冲穿过一个晶体 C，产生一对光子 A 与 B，二者相互纠缠。这两个光子便形成了隐形传态的量子信道。光子 A 来到了爱丽丝一侧，而光子 B 则来到了鲍勃一侧。激光脉冲被镜子反射回晶体。当它第二次通过晶体时，产生了另外一对光子，X 与 Y。触发光子 Y 告诉我们，光子对中的另外一个光子 X 已经产生。光子 X 便是等待被传送的那一个光子。它穿过一个偏振器，这个偏振器能够在光子上留下多种偏振形式。原始光子 X 被交给爱丽丝，以供她传送。

"现在，让我们来设想一个单独的光脉冲。它自激光器发射出来，然后穿过一个小晶体。这一特制的晶体会产生纠缠光子，晶体厚度仅为 2 毫米，但这里却发生着我们实验中最重要的事情。两个光子以一定的角度飞走，并且二者相互纠缠。我们运用光纤前面的小透镜将这些光子发送到光纤中，然后继续传给爱丽丝与鲍勃，其间产生的是一组由光子 A 和光子 B 构成的纠缠粒子对。这便是爱丽丝与鲍勃将用于传送另外一个光子的量子信道。

"光子对中的一个光子到达了桌子上靠近爱丽丝的地方，另外一个光子则穿过多瑙河，到达了鲍勃处。最终要被传送的便是这另外一个光子。不过，让我们还是再来看一下脉冲。在离开晶体之后，光脉冲继续前行，撞击到这个非常小的镜子。"

鲁珀特用手指着一个侧立着的小玻璃块，说道："它看上去并不像一面镜子，因为它看起来是透明的，可见光实际上没有被反射。然而，这个立方体表面有一种特殊的涂层，能够非常有效地反射脉冲的光。这种光属于紫外线范畴，不为我们的肉眼所见。被反射的激光脉冲再次通过晶体，从而产生另一对光子。原则上，这两个光子也是相互纠缠的，但我们这次并不利用它们的纠缠。其中一个光子穿过一个偏振器，这个偏振器可以任意调节。我们可以赋予这个光子我们想要的任何形式的偏振。由于此刻它呈现一种特定的偏振形式，因此这个光子便不再被纠缠。最终，它也被送入一段光纤，并随后被发送给爱丽丝。爱丽丝将会把这个光子的状态传送出去。我们称其为原始光子 X。这第二组光子对中的另外一个光子起到了一个触发器的作用。触发器的原理非常简单。如果这一触发光子被记录，我们便可知道另外一个光子在传送途中了。这另外一个光子便是被传送光子 X。"

"下面我们再来概述一下，"鲁珀特说，"光子 Y 已被触发器所记录，此刻我们在光纤中有了三个光子。与此同时，光子 B 正在前往河对岸的鲍勃测量站的途中；另外两个光子，光子 A 与光子 X，正前往爱丽丝测量站的聚集点。光子 A 与光子 X 在一个内置光纤分束器中相遇（见图 44）。内置光纤分束器又叫作光纤耦合器，其工作原理如下：两根光纤并排运行，它们各自的内芯靠得非常近，以至于有些光可以从一根光纤进入另一根光纤。如果一切顺利，这一光纤耦合器便像是一个对半分束器。因此，对于任何两束输入光，一半的光最终出现在一个输出端，另一半的光最终出现在另一个输出端。我们之所以使用光纤，是因为这样做实验才能更加稳定。原则上，我们当然可以在自由空间里用镜子和分束器等来建造这一系统，但是，内置光纤分束器无疑稳定得多。"

"现在，离开光纤耦合器的两条光纤，"鲁珀特继续用手指着说，"每一条都分别进入一个偏振器，以识别光子 A 和光子 X 这两个光子的纠缠态。实际上，我们能够识别两种这样的纠缠态，它们也叫贝尔态。"

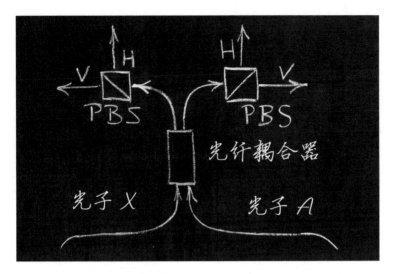

图44 多瑙河实验中爱丽丝的测量站。光子 X 处于待传送状态。整个过程的关键之处在于要让光子 A 与光子 X 实现纠缠。而光子 A 已经与前往鲍勃一侧途中的光子 B 处于纠缠态。所有这些光子都位于光纤内部。光纤耦合器就像一台分束器或一面半反射镜。两个入射光子，其最终进入两条出射光纤中任意一条的概率相等。通过测量两个偏振分束器（PBS）后面的这些光子，我们便能够将原始光子 A 和 X 投射到某些纠缠态中。这个实验自身能够区分两种不同的纠缠态。第一种纠缠态中，两个光子最终出现在同一根输出的光纤中，要么向右要么向左的一根光纤。然后，通过分别测量同一个 PBS 的 H 端和 V 端中的每个光子，便能够识别这个纠缠态。另外一个纠缠态中，在光纤耦合器后的每条输出光纤中，都有一个光子。如果我们在一个 PBS 后面的任何一条出射光束中发现一个光子，并且在另外一条 PBS 的出射光束中发现一个偏振方向与第一个光子截然不同的光子，那么纠缠态便可以很容易被证实。在这一过程中，光子 A 与光子 X 发生相互纠缠，其基本原理非常简单。我们无法知道，光纤耦合器后的一条出射光纤中的光子，来自哪一条入射光纤。也就是说，它们丢失了它们各自的特性。

鲁珀特解释说，这个实验的时机把握至关重要。"之所以使用短脉冲，其中一个原因是我们希望这两个光子——被传送的光子 X 与纠缠对中的双生光子之光子 A——能完全在同一时间到达分束器。如果二者是在 200 飞秒之内产生的，那么我便可以使得它们同时到达分束器。因此，我们必须确保在第一阶段产生的光子 A，相较于另一个光子 X 要传送更长的距离，之后到达内置光纤分束器。原因是另一个光子是在较晚的时间，即在脉冲的第二阶段中产生的，而我们希望它们能够同时到达内置光纤分束器。实验中最困难的地方，在于精准地调整所有光束路径的长度，从而使它们相等，误差范围大约在 50 微米之内。一开始，这一点难以做到。但现在，我们已经知道了如何实现这一点。"鲁珀特说着，脸上绽开了骄傲的笑容。

"关键在于，我们这里有超级快的电子仪器。所有探测器的工作时间单位都仅为几纳秒。一纳秒等于十亿分之一秒。还有一些电子仪器能够识别贝尔态。"他再次指了指爱丽丝测量站的草图（见图 44），继续说道："光纤耦合器的两个出口中，每一个都有一个偏振分束器，或者叫 PBS。在 PBS 中，如果光子发生水平偏振，那么它会取道一条路径；如果它发生垂直偏振，那么它会取道另一条路径。在我们所识别的纠缠态中，两个光子的偏振方式总是不同的。也就是说，其中一个光子总发生水平偏振，另一个总发生垂直偏振。有一种状态，物理学家们称之为反对称态或费米子态，而我喜欢称它为特立独行态。在此种状态下，两个光子在离开分束器之后总会分道扬镳（对比图 38）。而在我们观察到的另一种状态下，两个光子在离开分束器之后，则会结伴同行（对比图 37）。因此，其中的逻辑实际上很简单。对于两个分别位于 PBS 后面的不同的探测器

（一个测出水平偏振，另一个测出垂直偏振），如果它们同时响起，我们就可以确定出现了特立独行态。如果在同一偏振分束器后面同一侧的两个探测器同时记录了一个光子，我们便知道出现了另外一种状态。"

"这些电子仪器可以识别同时触发的是哪些探测器。我们到底获取了两种状态中的哪一种，这一信息将会被传递给鲍勃，路径是一条微波无线电线路。"鲁珀特指着一条自设备向上引出的电缆，继续解释说。

"这条天线位于我们这栋楼的天台。鲍勃在接收到这一信息之后，会对其设备进行设置，从而使得到达那边的光子被调整到正确的偏振状态。我们到天线那里去看一下吧。"鲁珀特说。我们坐电梯来到了最顶层，然后爬上一架狭窄的梯子，来到了天台。

天线指向多瑙河的对岸。鲁珀特告诉我们，鲍勃一侧也有一根同样的天线。

回来以后，鲁珀特继续说："还有一个问题，就是我们如何确保微波信号能够在光子到达鲍勃测量站之前先到一步呢？这当中有两个关键因素。首先，光在光纤内的传播速度仅为大约每秒 20 万千米，而光在空气中的传播速度以及微波无线电信号的传递速度大约为每秒钟 30 万千米。因此，由于爱丽丝与鲍勃之间相隔大约 600 米，无线电信号完成这段传递需要大约两微秒，而光纤内的光子则需要大约三微秒。如此，我们便增加了一微秒的时间，从理论上这些时间足够我们启动电子仪器了。还有一点需要说明的是，由于我另外还有一根电缆，我在桌子下面这个地方盘了好几圈光纤，从而使得光纤总长增加了 200 米。这便又将鲍勃端的光子传递时间延迟了一微秒，从而使我们有了更充足的时间。也就是说，我们的电子仪器将有两微秒的时间去完成它们的工作。现在，我们去河那边去看一下鲍勃的测量站吧。"

这次，我们取道一座桥，驱车来到了河对岸。看上去，鲍勃测量站的装备非常简单。

"我们不必再到房顶去看天线了，"鲁珀特说，"它与爱丽丝那边的是一样的。"

鲁珀特让我们看了从天线上引下来的电缆，还有从墙里面引出来的一条光纤电缆。整套装置只有一台计算机和一个小的光学平台。

"这里是我们的面包板，"鲁珀特笑着说，"名字有趣吧！不过与面包没关系。可我觉得，它倒有可能是我吃饭的家伙。"

与爱丽丝测量站的光学平台相比，鲍勃的面包板看上去有些简陋，上面只装了寥寥几个光学器件。

鲁珀特解释说："这根电缆是从天线引下来的，这边是那条经典信道，为我们传递爱丽丝测得的有关纠缠态的信息。如果恰好纠缠处于特立独行态，那么鲍勃的光子 B 便早已按照我们的设想就位，也就是说它早已处于被远程传送的光子 X 的原始状态，我们便实现了隐形传态。如果光子处于其他纠缠态，那么我们会对即将到达的光子 B 实施偏振旋转，从而将其状态调整到光子 X 的原始状态。为此，我们再次用到了电光调制器（见图 45）。如果我们给晶体施加一个电压，那么入射光子的偏振将会基于这一电压做不同角度的旋转。"

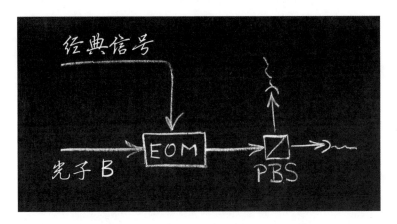

图 45　多瑙河隐形传态实验鲍勃测量站布置图。鲍勃的光子 B 从光纤中出来，它起初与爱丽丝的光子 A 处于纠缠态。微波无线电线路这条经典信道会告诉鲍勃和爱丽丝测得了两种纠缠态中的哪一种。在其中一种纠缠态下，鲍勃的光子 B 直接便处于原始光子 X 的状态，鲍勃不需要做任何事情，隐形传态便已实现了。在另外一种纠缠态下，鲍勃光子的偏振必须被旋转。这需要使用电光调制器（EOM）来完成。EOM 操作起来很简单，我们只需向其施加电压。如果没有施加电压，光子将会以初始方式穿过。如果施加合适的电压，光子则将会按照预设的方式旋转。通过偏振分束器（PBS）测量光子的偏振，我们便可识别出光子的状态。PBS 可围绕光束轴旋转，从而实现任何形式的线偏振。要确定隐形传态获得成功，需确认的一个事实是：位于分束器后的两个探测器，只有正确的那一个探测器记录到了光子，而不是另外一个。这个正确的探测器，必须是与被远程传送的光子 X 的初始偏振相对应的那一个。

"在这种情况下，"他继续说，"如果我们通过无线电信号接收的来自爱丽丝的信息告诉我们爱丽丝识别出了特立独行态，那么我们便不会向调制器施加电压。如果我们接收到的信息告诉我们出现了另外一种纠缠态，我们便会向调制器施加大约 2400 伏特的电压。这将导致旋转鲍勃端光子 B 的偏振，使其处于被传送光子 X 所处的初始态。"鲁珀特指着另外一个 PBS 说："最终，我们会测得出射光子的偏振形式。这便会证实隐形传态过程确实实现了，从而宣告实验成功。"

说到这里，鲁珀特停了下来。显然，他不知道我们是否完全听懂了他的介绍。"说到底，我们的隐形传态实验并不复杂。我们在爱丽丝一侧的输入端准备好各种形式的偏振，然后只需要证明，从鲍勃一侧射出的光子的偏振形式总与我们在爱丽丝输入端所设置的形式相同。在这里我们要注意的是，"说着，鲁珀特指着布置图（见图 42）说，"这个并不是到达输出端的原始光子 X。它实际上是纠缠光子对中鲍勃端的光子 B。很重要的一点是，当爱丽丝的原始光子 X 在光纤耦合器中进入纠缠态时，它便会彻底丢失自身所有的偏振特征。毕竟，一个被完全纠缠的粒子是没有个性化特征的。也就是说，在我们实验中的这个粒子是不发生任何偏振的。通过使用量子信道和经典信道两种途径，偏振特征被传送给鲍勃的光子。原始光子的偏振特征被破坏，但我们最终却在多瑙河对岸发现了光子 B，其状态与原始光子完全相同。由此，我们便实现了隐形传态。"

"与所有实验相同的是，我们的实验也有缺陷，因为现实世界毕竟不像我们在理论上所想象的那般完美。"鲁珀特补充道。

"首先，我们只能探测到大约 30% 的光子，因为我们的探测器并不完美，完美无缺的探测器并不存在。这些我们都可以接受。简言之，这意味着我们的隐形传态设备实际上比我们能够测量的还强。还有一个问题是，我们只能识别四种纠缠态之中的两种。因此，我们的设备只能在 50% 的情况下工作，原因是具体出现哪一种纠缠态是完全随机的，是超出我们控制范围的。也就是说，仅有一半的初始光子真正被传送，一半丢失了。不管怎样，最重要的一点是，当我们识别出两种纠缠态中的一种时，我们的隐形传态便完成了。其质量并没有因为我们错失了一些光子或无法识别所有纠缠态而打折扣。真正受到影响的是，成功出现隐形传态情况的比例降低了。要让所有批评人士都无从挑剔，只能靠将来的毕业生们去进一步改进这个实验了，"说着，鲁珀特笑了起来，"可这一点很难实现，因为人们并不是总希望自己的实验好过所有其他人的实验。"

29

多光子奇迹及量子隐形传态

在查尔斯·贝内特及其数名同事于 1993 年第一次提出隐形传态实验之后，又过了四年多，该实验方于 1997 年在因斯布鲁克进行。读者朋友可能会觉得这个时间跨度过长，但考虑到技术方面的挑战，这一时间并不长。当隐形传态被首次提出时，我们都觉得要实现这一点需要花费很多年的时间。然而，不知不觉间，为了实现一个与此完全不同的目的，我们早已经开始研发这一实验所必需的工具了。

实际上，为了进行这一实验，我们必须应对许多全新的挑战。其中包括：弄清什么会是合适的纠缠粒子发射源，判断以光子进行实验是不是最佳方案。之前有关纠缠的实验大多是用光子来做的，然而在理论提议阶段，尚不存在真正合适的发射源。更重要的是，当时没有人知道到底如何进行贝尔态测量，或者说如何通过测量在两个独立光子之间识别一种纠缠态。最关键的是，此前没有人做过超过两个光子或基于任意两个纠缠粒子的实验。此前有人做过多次关于贝尔不等式的不错的实验，但实验中都只用到了两个光子。因此，综合考虑上述挑战，首次隐形传态实验酝酿了四年多的时间，该时间并不长。对于科学研究者来讲，有时候机缘巧合也至关重要。实际上，对于此类实验，我和我的团队心仪已久。

在隐形传态思想出现之前，我的团队便有意进行三光子及三光子以上的实验。1986 年，当我还在维也纳时，纽约市立大学的丹尼·格林伯格与我共事了几个月的时间。当他刚来到维也纳时，我们便开始设想，在这几个月的时间里，我们两人可以合作一个什么好的研究项目，而且我们两人一直在思考，如何才能跳出传统纠缠实验的束缚。我们意识到，所有的实验以及相关的理论，都局限于两个粒子之间的纠缠。那么，为什么不能研究一下多个粒子纠缠的情形呢？实际上，一开始由于不能构思一种产生三粒子纠缠的方法，所以我们首先开启了四粒子纠缠的研究工作。当时我们的设想是，让一个初始粒子衰变为两个粒子，然后让两个粒子再继续衰变为四个粒子。

在研究了关于这四个光子之间关系的理论预测之后，我们大吃了一惊。四个粒子之间关系的数学表达异常复杂，因为其中有非常多的变化的可能。四个光子中，每一个都会面临多种不同的测量情形。实验者不再只是测量两个粒子，而是对四个粒子进行测量，而且这些测量依赖于全部四个粒子的设置。

关于四粒子纠缠态测量的数学结果尽管正确无误，但却异常复杂。因此我与丹尼·格林伯格决定首先专注于一小部分关于完全相关性的理论预测。我们还记得，像孪生子之间一样的完全相关性是约翰·贝尔思想的出发点，当时他推导出了定域实在论与量子物理学之间的矛盾。量子物理学与这一哲学观点之间的冲突仅出现在量子力学的统计预测中，而定域实在论能够很好地解释完全相关性。从哲学角度来讲，这一点令人欣慰。毕竟，完全相关性属于经典物理学的范畴。也就是说，一旦我们对一个系统的特征有了足够多的了解，那么我们便可以确定地做出预测。从理论上来说，这样一个经典的观点会因为量子力学的统计预测而被打破，这一点并不令人感到意外，因为量子力学毕竟是一个统计学理论。然而，在我们此前早已展开的四粒子纠缠情况中，完全相关性令我们震惊不已！

这一令人震惊之处在于，这些完全相关性是自相矛盾的！

在此之前，我们早已发现，三粒子纠缠将会出现相同的令人吃惊的情况，但我们当时并没有专注于三粒子的情况，因为我们并不知道如何产生三光子纠缠态。这一点将在后文中提到。因此，我们设想一下，假如有一个可以产生三光子纠缠的发射源（见图46）。这种发射源之所以后来我们称之为GHZ发射源，是因为在科学界，这里所说的纠缠类型是以格林伯格、霍恩与我本人英文名字的首字母命名的。我们与霍恩当时进行了远程合作，他那时还在美国。这一状态的最基本形式是三个光子沿某一方向水平偏振的叠加（HHH）或垂直偏振的叠加（VVV）。在测量之前，这几个光子不呈现任何偏振。如果用沿这一方向的双信道偏振器测量任意一个光子，它会随机呈现 H 偏振或 V 偏振。然后，另外两个光子会在瞬间获得相同的偏振状态。这种情况使得爱因斯坦所说的"鬼魅般的超距作用"变得更加鬼魅了。

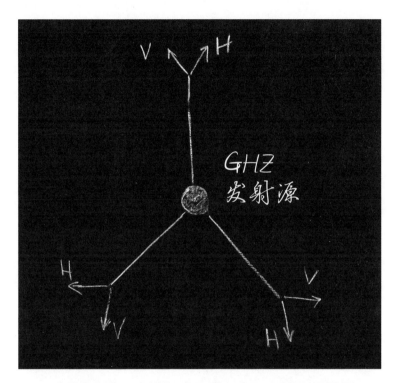

图 46　GHZ 实验的实质。我们来思考三光子纠缠态。每个光子的偏振都可以测量，要点如下：当三个偏振器的方向满足一定条件时，根据两个光子的随机结果，我们可以提前确定第三个光子的偏振情况。例如，如果前两个光子均呈水平偏振，量子力学便会预测第三个光子呈垂直偏振。有意思的是，定域实在论会做出相反的预测——第三个光子一定呈水平偏振。本实验证实了量子力学的预测。因此，与双粒子相关情况相反，量子物理能够做出确定性的预测，而定域实在论甚至没有了立足之处。这便是量子力学和定域实在论两种世界观之间存在的最大可能的冲突。

关于可能在这三个光子上进行的偏振测量，我们可以很容易地设想出许多其他的情形。我们还可以使用偏振分束器或者围绕相关入射光束旋转的双通道偏振器。由此，我们可以沿着任意可能的方向测量垂直偏振和水平偏振。同时，我们还能够对圆偏振进行测量。

对于这三种偏振测量的大多数组合，相关性只是统计学上的。然而对于许多测量来说，会出现完全相关性。这就意味着：对每个光子的测量结果完全是随机的。例如，光子发生水平偏振和发生垂直偏振的概率相等，不管其对应的偏振器处于什么方向。但是，在三个偏振器的方向满足某些条件的前提下，如果我们知道了两个光子的偏振测量值，第三个光子的偏振情况便可以被提前确定。其中一个条件是，两个偏振器的旋转角度之和必须等于第三个偏振器的旋转角度。相较于两个光子的情况，三光子的情况更具有普遍性，因为三个偏振器不再需要互相平行了。

现在，便出现了几个耐人寻味的情形。有几组偏振器的方向说明定域实在论和量子力学之间是完全矛盾的，表现在如下情况中：假设我们知道第一个光子的偏振角度为 H'（从 H 旋转 45 度），第二个光子的偏振角度也为 H'。那么，定域实在论会预测第三个光子同样也发生 H' 角度偏振，而量子力学则预测它将发生 V' 偏振。这是两种世界观之间存在的最大可能的矛盾。量子力学和定域实在论对这种情况都会做出明确的预测，但双方的预测结果却完全相反。量子力学不同于任何定域实在论的思想，即便对于完全相关性，即使针对每个单独的光子都是如此！或者，从另一个角度讲，贝尔的论点甚至无法起步，因为双粒子系统中的完全相关性是贝尔思想的出发点。在有些情形下，量子物理学会促使我们精确地预测实验结果，而定域实在论甚至无法正确地描述这些情形！

自从我与格林伯格和霍恩两人于 1987 年发现了这一矛盾，我的科学目标便是通过实验去验证这些相关性。我和我的团队肩上的责任重大。我们必须开发出用于两个以上粒子间纠缠研究的新实验工具，然后还要弄清楚如何建立这样的纠缠，如何对其进行测量，如何在实验中把控这些状态，等等。

这是一个全新的领域。我们不仅需要开发新的实验工具和元件，而且还必须创立一种关于这类实验的新思想，因为前人从未考虑过超过两个粒子纠缠的实验。就这样，我们花费了 11 年的时间，直到 1998 年，德克·鲍米斯特、潘建伟、马修·丹尼尔、哈拉尔德·魏因夫特和我本人在因斯布鲁克的实验室里才对三光子纠缠进行了观测，并最终证实了量子力学的预测。

为了能实现上述目标，我们开发了许多仪器，这些仪器对于量子隐形传态非常重要。我们还得到了来自外部的帮助，也就是我的同事也是朋友——波兰格但斯克大学马雷克·祖科夫斯基的重要支持。我们与他进行了许多次讨论。在讨论中，我们提出了在实验中实现三个及三个以上光子的纠缠态的设想。实际上，我们被迫放弃了许多想法，因为它们大多数都行不通。

但是最终，我们找到了解决方案。

一个问题是，不可能直接产生两个以上光子的纠缠态。我们必须从双光子纠缠开始。然而，我们该如何创建更高阶的光子对纠缠呢？从原理上来讲，我们的设想非常简单。首先产生两组纠缠的光子对，即四个光子。然后，对一个光子进行测量。我们不清楚测量的原理，也不知道这一特定的光子来自哪一组光子对。然后，其余的三个光子也发生了纠缠。对于这一实验，我们又设法开发了许多项其他的技术，比如，影响光子精确计时的方法，运用自发参量下转换产生两组光子对，使用分束器、偏振器及其他仪器识别纠缠态，等等。然而，这些只不过是我们所面临的部分挑战。

在准备实验的过程中，我们很快意识到，我们所开发的仪器还可以用于进行量子隐形传态。最终，隐形传态实验由德克·鲍米斯特、潘建伟、克劳斯·马特尔、曼弗雷德·艾布尔、哈拉尔德·魏因夫特与我本人完成。在第一次实验及随后的其他所有实验中，成功实现隐形传态的标志性证明是：爱丽丝一侧有什么，鲍勃一侧便出现什么。在这一点上，并不需要对每个想象得到的量子态都加以证明，因为这样的量子态有很多种。然而，从另一方面讲，仅对水平偏振和垂直偏振进行证明是远远不够的，因为不可能排除仪器偏爱某一种状态的可能。因此，实验还必须证明水平和垂直叠加的隐形传态，比如旋转45度角的线偏振或者一些圆偏振。这是在1997年实现的。

在那个实验中，隐形传态的距离仅有大约一米。现在，这一距离已经大大加长了。比如，在多瑙河附近进行的实验中，这一距离为 600 米。首次实验成功之后，我们便将精力转向了纠缠的隐形传态以及前文中提到的三光子纠缠态的实现。

30

纠缠的隐形传态

至此，我们已经知道，我们可将一个光子或其他粒子的状态进行传送。这就是说，将原始粒子的属性传递给另外一个粒子。然而，如果待传态粒子处在和另外一个粒子纠缠的状态，会出现什么情况呢？我们知道，纠缠意味着粒子不具备自身的状态，不携带自身的任何属性。

现在，让我们仔细分析一下一个实验（见图 47）。我们以两组纠缠粒子对作为起点。粒子 A 与粒子 B 处于纠缠态，粒子 X 与粒子 Y 处于纠缠态。然后，我们从粒子对 AB 中取出粒子 A，从粒子对 XY 中取出粒子 X，然后将这两个粒子提交给贝尔态分析（BSA）程序。BSA 程序会使这两个来自不同粒子对的粒子发生纠缠。

我们知道，一个粒子的状态便是对这个粒子可描述的内容（更确切地说，是对这个粒子在将来的可能测量结果的描述）。因此，我们可以设想，所有关于粒子 X 的可描述的内容都被

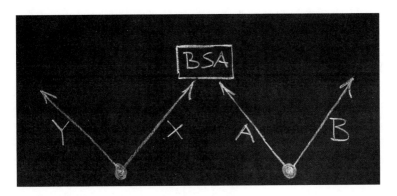

图 47　纠缠的隐形传态。一开始，我们有两组纠缠光子对，AB 光子对和 XY 光子对。然后，与常规的隐形传态一样，我们从每组光子对中各挑出光子 A 和光子 X，并对这两个光子展开贝尔分析。然后，X 与 Y 所共享的纠缠便被远程传送给 B。或者，我们也可以说，A 与 B 所共享的纠缠被远程传送给了 Y。对于这一情形，不管我们如何认为，结果总是相同的。光子 B 和光子 Y 最终发生了纠缠。这一发现非同小可，因为光子 B 和光子 Y 从未有过历史交集，二者完全是独立产生的。因此，我们说，两个彼此之间未曾发生过相互作用或者未曾有过历史交集的系统，能够发生相互纠缠。

传送到粒子 B。可关于粒子 X 该如何描述呢？它没有属于自己的状态，我们只能说它被粒子 Y 纠缠。因此，我们可以得出结论，在进行贝尔态测量之后，关于粒子 B，可描述的内容相同。尽管粒子 B 和粒子 Y 并没有历史交集，但二者最终处在了纠缠态。

　　最初的隐形传态实验还设置有一个经典信道。图 47 中没有列出这一信道，但它却是必不可少的。为何如此呢？原因是在最初的隐形传态实验中，对光子 A 和光子 X 的贝尔态测量有四种不同的结果，它们代表着四种可能的纠缠态。在这一实验中，这意味着鲍勃的光子 B 可能处于四种不同的量子态，且这四种量子态都与原始状态唯一相关。现在，这意味着，光子 Y 与光子 B 可通过四种方式发生纠缠。光子 B 与光子 Y 最终所发生的特定纠缠态，与爱丽丝随机获取的光子 A 和光子 X 的纠缠态完全相同。要运用这种纠缠，我们必须知道它的性质。如果有谁希望利用光子 B 和光子 Y 之间的新纠缠，爱丽丝的测量结果必须告知给他。这个人可能是接收到光子 B 的鲍勃，也可能是接收到光子 Y 的其他人。因此，原则上讲，我们在实验中至少需要一条这样的经典信道。

1993 年，马雷克·祖科夫斯基、迈克尔·霍恩、阿图尔·埃克特和我本人在一篇我们共同撰写的文章中提出了这一实验。当时，我们将这一协议称作纠缠交换，原因是初始时的 A-B 纠缠后来换成了 A-X 纠缠（爱丽丝的测量结果）和 B-Y 纠缠。

从概念上讲，其中最耐人寻味的是，两个外部光子——Y 与 B——并没有历史交集。二者来自不同的发射源，也从未相遇过。看上去，传统的观点——纠缠出现在两个系统相互作用或以某种方式共同产生时，是错误的了。纠缠可能以其中一种方式产生，但这却不是必要的。许多物理学家认为，纠缠是某种守恒定律——比如角动量守恒定律或能量守恒定律——所导致的结果。现在，我们已经知道，要对纠缠进行观察，这显然并不是一个必要前提。

第一次隐形传态实验完成之后不久的 1998 年，潘建伟、鲍米斯特、魏因夫特和我本人再次在因斯布鲁克通过实验实现了纠缠的隐形传态，或者说纠缠交换。实验明确地证实了纠缠自身可以被传送。

在这些实验中，隐形传态的效果并不是很完美。有时候，光子 B 和光子 Y 之间的偏振相关性是错误的。但是，实验明确地证实和预测到，光子 Y 与光子 B 必然发生强力纠缠，以至于贝尔不等式将被违反。这便是纠缠存在的铁证。只不过，我们在 1998 年所首先进行的几次实验中，被传送的态的质量还不够好，不足以观测到贝尔不等式被违反。

几年之后的 2001 年，詹内怀恩、维斯、潘建伟和我本人对实验进行了大幅度的改良，从而大大提高了传送光子的质量。我们能够确切地证明，光子 Y 与光子 B 发生了强力纠缠，从而观测到了贝尔不等式被违反。这意味着，两个之前未曾以任何方式发生交互作用的光子，此刻通过爱因斯坦所说的"鬼魅般的超距作用"联系在了一起。同时，这一实验明确证实了隐形传态的量子特征。

现在，让我们再来简单回顾一下我们所讨论过的实验。爱丽丝对她的两个光子 X 和 A 实施测量。随后，鲍勃的两个光子被测量，它们相互间虽未发生过交互作用，可依然发生了纠缠。然而，爱丽丝同样可决定不实施这一测量行为。那么，此时鲍勃的光子 Y 与光子 B 之间便不会发生纠缠。因此，爱丽丝是否实施测量，决定了另外两个光子是否发生纠缠。这听起来很新奇，但实际上有些情形可能更加匪夷所思。

可怕的想法

　　2000 年，以色列理工学院量子隐形传态理论的先驱亚瑟·佩雷斯（已故）产生了一个奇特、令人惊异而又简明的想法。他提议如下：首先，鲍勃测量光子 B 和光子 Y 的偏振（见图 48）。然后，这两个光子的测量结果刚一出现就被记录下来（比如说被记录在计算机存储器内甚或被写在一张纸上），爱丽丝便对她的两个光子 X 和 A 进行贝尔态测量。通过爱丽丝的测量，鲍勃的光子 B 和 Y 发生了纠缠。更加奇怪的是，爱丽丝可选择不对她的光子 X 和 A 进行贝尔态测量，那么鲍勃的光子 B 和 Y 将保持非纠缠态。因此，爱丽丝可以在鲍勃的光子 Y 和 B 不复存在的时间点，在二者的偏振早已被测量并被记录在了某处的时候，决定这两个光子是否纠缠。

　　这怎么可能发生呢？当然，爱丽丝的测量动作不能穿越回过去，影响对鲍勃的光子 Y 和 B 的早期测量结果。测量结果早已被记录，甚至也许已被写在了一张纸上。记录下来的测量结果当然不会发生变化，然而却发生了耐人寻味的事情。实际上，从哲学上讲，这种情况给我们传递了一个非常重要的信号。现在让我们来看一下。

　　让我们认真分析一下我们能从中得到什么。首先，我们来看一下鲍勃的结果。我们意识到，鲍勃的光子 B 和光子 Y 起初都与其他光子发生纠缠。B 与 A 纠缠，Y 与 X 纠缠。我们知道，在被测量之前，纠缠光子不发生偏振；我们还知道，在

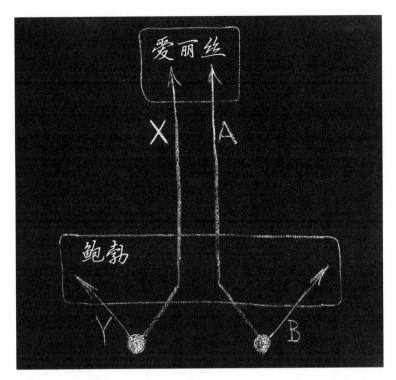

图 48　延迟选择隐形传态。爱丽丝与鲍勃创造两对光子，AB 光子对和 XY 光子对。鲍勃每次测量每组光子对中的一个光子（光子 B 与光子 Y），另外两个光子——光子 A 与光子 X 则被发送给爱丽丝。爱丽丝可能会在鲍勃测量他的光子很长时间之后才决定，对这两个光子实施何种测量。她所做的选择之一是，使这两个光子相互纠缠，与在量子隐形传态中的做法完全一致。通过这种方式，外部的两个光子 B 和 Y 会在被测量之后进入相互纠缠态。她的另外一种可能的选择是，对光子 A 和 X 的偏振分别实施测量。这种方式并不能使光子 B 和 Y 相互纠缠。相反，数据表明，A 和 B 之间以及 X 与 Y 之间发生了纠缠。在这种情况下，鲍勃较早之前得到的 B 和 Y 的结果具有完全不同的意义。这一实验告诉我们，在观察到的单个结果与我们对这些结果的解读之间存在着量子物理学上根本性的区别。对 B 和 Y 的测量结果发生于爱丽丝决定之前，与爱丽丝的决定无关。然而，如果没有爱丽丝的测量结果，它们便毫无意义；它们完全是随机的。它们的意义及对它们的解读，是爱丽丝决定的对 A 和 X 实施的测量类型所赋予的。爱丽丝具体选择测量什么，可能被任意延迟。

被测量时，它们会随机发生某种形式的偏振。因此，我们得出结论，鲍勃对光子 Y 和 B 的测量结果都是随机结果 0 与 1 组成的序列。现在，我们可能要百思不得其解了。这些随机数序列意味着什么呢？我们该如何解读它们呢？

现在，我们会发现，鲍勃的光子 Y 和 B 的每个测量结果都有不同的含义，具体取决于爱丽丝决定进行哪一种测量。爱丽丝可能会决定分别测量光子 X 和光子 A 的偏振。我们能发现什么呢？我们知道，光子 X 是纠缠光子对 XY 的一部分，光子 A 是纠缠光子对 AB 的一部分。如同鲍勃的测量结果，爱丽丝的测量结果同样是两个随机数序列，一个是光子 X 的，另一个是光子 A 的。这两个随机数序列将会完全独立于彼此，因为光子 A 和光子 X 在产生时便是相互独立的。但是，每个光子的测量结果将与和它对应的双生光子的结果有很强的相关性。因此，爱丽丝光子 A 的结果和鲍勃光子 B 的结果之间的相关性能够证实，这两个光子之前是以纠缠态产生的。光子对 XY 也是如此。

这些数据都将导致光子对 AB 和光子对 XY 违背贝尔不等式。不管爱丽丝做什么，她都一定会得出结论：光子 A 和 B 之间完美纠缠，光子 X 和 Y 之间同样完美纠缠。爱丽丝与鲍勃也将从他们的数据中得出结论：光子 B 和光子 Y 之间没有任何联系，二者完全独立且不相关。

另外，爱丽丝可以决定对她的光子 A 和 X 进行联合贝尔态测量。我们还记得，这一测量是在量子隐形传态中进行的，它使得 A 与 X 发生纠缠。这意味着，鲍勃的光子 B 和 Y 此刻也进入相互纠缠态。但是且慢，这两个光子早已被鲍勃所记录，并且测量结果早已被写在一张纸上或者存储于计算机中。这是如何发生的呢？测量结果现在怎么会反映出 B 和 Y 之间相互纠缠呢？仅仅是因为爱丽丝决定对 A 和 X 实施一次贝尔态测量吗？即便在之前，当爱丽丝分别测量她的光子时，鲍勃的光子 B 和 Y 也未发生纠缠。这么说他们的测量结果之间完全不相关？这怎么可能呢？

答案足以令人兴奋不已。让我们首先来看一个例子，爱丽丝对她的光子 X 和光子 A 进行了一次联合贝尔态测量。测量完之后，她遇到了鲍勃。鲍勃也获得了一些关于他的光子 Y 和光子 B 的测量数据。然后，二者设法对鲍勃的数据进行分析。我们还记得，爱丽丝的贝尔态测量有四种可能的结果。也就是说，在她的测量中，并不是一种纠缠态一直发生，而是四种不同的纠缠态都会出现。在对一组特定光子对的单次测量中，出现哪一种纠缠态是完全随机的。何时出现哪一种纠缠态，没有规律可循。

因此，爱丽丝与鲍勃相遇之后需要做的，便是将此前获取的关于鲍勃的光子 Y 和光子 B 的数据分成四个子集，也就是四个箱子——每个箱子对应着爱丽丝获取的四种纠缠态中的一种。然后，鲍勃获取的关于光子 B 和光子 Y 的四个子集，每一个都证实了这两个光子彼此纠缠，即便之前被测量时同样如此。在全部的四个箱子里，鲍勃的光子纠缠方式不同。也就是说，这些光子的纠缠态与爱丽丝随机获取的她的两个光子的纠缠态完全相同。尽管每个箱子中都存在一种特定的纠缠，可当我们将四个箱子混合在一起时，结果便都是完全随机的，没有呈现任何纠缠。因此，爱丽丝的测量结果使我们能将鲍勃的数据分类到合适的子集中。对于这四个子集，它们各自不再是完全随机的，但整体上是。

我们再来看一下，当爱丽丝对光子 X 和光子 A 进行单独测量时，获得了什么结果。这种情况下，这两个光子不会被投射到贝尔态。相反，光子 X 仍然与光子 Y 保持纠缠，光子 A 仍然与光子 B 保持纠缠。

此刻，当爱丽丝与鲍勃相遇时，他们将会对鲍勃光子 Y 的数据进行分类，依据是爱丽丝测得的关于光子 X 的偏振方式和结果；同样，二者还将对鲍勃的光子 B 的数据进行分类，依据是爱丽丝测得的关于光子 A 的偏振方式和结果。现在，这些数据集会完美地证实：鲍勃的光子 B 与爱丽丝的光子 A 完全纠缠，鲍勃的光子 Y 与爱丽丝的光子 X 完全纠缠。与之前爱丽丝对她的两个光子进行贝尔态测量相比，在爱丽丝进行这种测量的情况下对鲍勃的初始随机数据进行分类，会得到关于这些数据的完全不同的子集，这一点非常重要。因此，此前证实过光子 Y 与光子 B 间纠缠的同一批数据，此时再次证明，光子 Y 与 X 发生纠缠，光子 B 与光子 A 发生纠缠。

从哲学上讲，此刻出现了一个非常有趣的情形。早在爱丽丝决定测量何种数据之前，鲍勃所获取的数据可能来自两段完全不同的物理过程中的某一段。具体是什么物理过程取决于随后爱丽丝的测量结果。从某种意义上讲，在爱丽丝做出决定进行相应测量之前，并没有出现什么物理过程，这便决定了鲍勃数据的意义之所在。有人可能会认为，鲍勃的数据是一种基本事实，不需要任何解释。如果我们希望有一种解释，便需要完成实验。要完成这一实验，便需要爱丽丝做出一个决定，从而确定那些已经获得的数据的意义。

从中我们将会学到，量子物理学中的单个事件是最主要的：相较于我们后来基于物理场景构建起来的解释，单个事件更为重要。鲍勃的单个事件的发生，与其光子是否和爱丽丝的光子发生纠缠无关。同时，我们注意到，我们的讨论中有一个关键因素，它便是单个结果的客观随机性。事实上，一个特定的光子，无论是鲍勃的还是爱丽丝的，都不会对他们获取何种特定的结果产生影响。这种随机性能够阻止任何信号回到过去，而如果爱丽丝能够影响她的结果，信号倒是可能回到过去。同时，这种随机性还能够确保：对于相同的随机结果，我们可以有完全不同的物理学解释。

2001 年，我们在维也纳进行了一次实验，实现了将爱丽丝的测量延迟到鲍勃测量他的两个光子之后的设想。实验再一次通过光纤进行。如同前文所述在多瑙河旁做的实验一样，贝尔测量是通过一个光纤耦合器完成的。为了能将贝尔测量的时间延迟到两个外部光子被鲍勃记录之后，爱丽丝的两个光子在进入光纤耦合器之前，都穿过了一段十米长的光纤。实验结果明确证实：只要安排得当，那么基于爱丽丝的测量结果，早前鲍勃所记录到的光子 Y 和光子 B 便可被视作相互纠缠。

在这一实验中，从理论上讲，通过某种未知的通信，鲍勃之前对他的两个光子进行的测量能够影响到爱丽丝测量站的测量结果。为了像贝尔实验一样能够排除这一假想的可能性，2009 年，我的小组成员马小松先生，与斯特凡·佐特及托马斯·詹内怀恩一道做了一项实验。在实验中，爱丽丝是将其光子投射到某种纠缠态还是分别测量其光子的决定，都是由一台量子随机数发生器做出的，从而区别于鲍勃的测量。这项实验再次完全证实了量子预测，并且也排除了通过任何未知形式通信进行解释的可能。

连接量子计算机

这类实验并不仅仅具有哲学意义。许多人认为，它们在将来会有重要的技术应用。其中一个重要的设想，是通过运用纠缠态连接未来的量子计算机。总体来说，量子计算机输出的是某种量子态。我们设想一下，这一输出可以被看作位于远端的另一台量子计算机的输入。我们希望将第一台量子计算机的输出态作为输入，远程传送给第二台量子计算机。如果两台量子计算机相隔遥远，比如说位于两座城市，那么我们便需要做到远距离隐形传态。

远距离隐形传态存在一个明显的问题，那就是光子在传送

过程中可能会丢失。使用光纤，我们大约可以覆盖 100 千米的
距离。在空气中传送光子，也会遇到类似的距离上的限制。那
么，我们该如何实现更远距离的隐形传态呢？一种可能是利用
我们之前讨论过的一项实验，即纠缠隐形传态实验，也叫纠缠
交换实验。通过这种隐形传态链（见图 49），我们便可以覆盖
更远的距离。

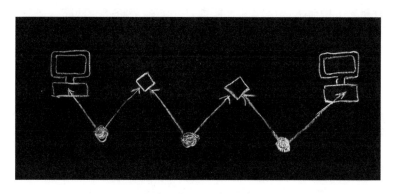

图 49　通过量子中继器，两台远距离分离的量子计算机可相互联通。这在本质上是一种多重
纠缠隐形传态。此外，还可以在中间站设置能够纯化量子态的小型量子计算机。

　　我们希望，在中间站不仅能进行贝尔态测量，而且可以对
光子损耗实施纠错。要实现这一点，运用量子放大器是一种理
想的解决方案。量子放大器能够在经过几千米距离之后将输入
的量子信号放大，从而覆盖更远的距离，正如今天我们在所有
的远程通信电缆包括光纤连接中所使用的放大器一样。然而，
这一做法的难点在于，量子态不能被放大。我们已经注意到，

其原因是量子态不能被克隆出来。因此，图 49 所示的用于隐形传态链的中间站不能成为量子信号的放大器，但是可以作为类似中继器的设备，从而能够实现两个目的。首先，能够进行贝尔态测量，从而实现远距离纠缠隐形传态。其次，中间站中非常小的微型计算机能够通过纠正传输错误而纯化输入的量子态，并且并行运用纠缠态来弥补损耗。在一些实验中，实现量子中继器应用所需的一些基本原理已经得到了验证。然而，要建成一套完整的中继站，目前从技术上来讲尚不可行。

现实与信息

纠缠态的传送很可能是隐形传态的量子本质的最有力证明。同时，它进一步阐明了我们对自然的描述与物理现实之间的关系，让我们再来回忆一下图 48- 所示的情形。鲍勃侧的记录事件，即鲍勃测量他的光子 Y 和 B 时所获得的结果，都是客观的。这一点毋庸置疑。也就是说，这些结果都是以某种形式被记录下来的，它们都是客观存在的，任何人都能看到它们，任何人都会同意这些结果。同时，它们也不需要什么解释，它们只是存在的事件，如此而已。然而，我们这些物理学家想要了解这些事件，我们要描述这些事件出现的原因。因此，我们便必须赋予它们解释，一种一贯的解释，这便会引发一个有趣的问题。

这个问题是：最终，对于鲍勃的测量结果，基于爱丽丝随后决定要做的事情的不同，我们也将给出多种不同的解释。爱丽丝可能会决定进行一次贝尔态测量，也可能会决定对每一个光子自身进行一次测量，或者二者之间甚至存在无限的可能。根据爱丽丝决定所做事情的不同，此前鲍勃所记录的早已发生过的事件结果便会具有全然不同的含义。

因此，我们得出了两个重要结论。第一，我们观察到的事件仅仅是事件自身，并不需要任何解释。也就是说，在我们作为观察者尚未关注它们究竟是什么时，它们已然存在了。第二，对事件如何解释取决于我们或者其他人后续的行动或者决定。针对鲍勃数据的两种解释是相互排斥的，意识到这一点非常重要。其原因在于，纠缠是单配的。鲍勃的光子 Y 只与光子 X 或者只与光子 B 发生纠缠，而不能与二者同时发生纠缠。

此时，我们要强调一点。对于鲍勃的早期结果，我们所进行的任何解释都完全是正确和客观的。虽然对这些结果的解释取决于爱丽丝将来的决定，但这并不意味着其是不正确的或主观的。对于所有这些情形，量子物理学都能很好地进行描述。问题在于，基于爱丽丝不同的决定，我们赋予此情形下的数学描述以及量子态也不尽相同。它们取决于实验设置的具体参数，所以也取决于爱丽丝的决定，或者从总体上讲取决于我们作为实验者所做出的决定。因此，它们也可能包括我们将在未来决定的实验参数。

这些考虑支持了尼尔斯·玻尔在其首创的量子物理学的哥本哈根诠释中提出的简洁观点。按照该诠释，一个系统的量子态并不是场，也不是在时空中传播的某种实体。相反，量子态仅仅是对我们所研究的特定物理状况知识的一种表达。这种对我们所获取知识的表达，自然取决于我们所面临的具体情形以及我们所获取的测量结果种类。

在我们这个特别的例子中，我们对于特定情形的认知取决于爱丽丝随后实施的测量行为以及她由此得到的结果。我们的结论是，爱丽丝后来的测量以及她的测量结果并不能影响早已存在的物理现实，即鲍勃早先获取的特定结果。然而，它们却能改变我们对同一情形的说辞，改变我们对现实存在的解读。这正应了玻尔那段闻名于世的论述："量子世界并不存在。存在的仅仅是一种抽象的量子物理学描述。物理学的任务就是要发现自然本质，这种想法是错误的。物理学关注的是，我们能对自然说什么。"

转述这段话的人是奥格·彼得森。事实上，我们在玻尔本人的资料中找不到关于这一段的清晰表述。因此，对于玻尔本人是否讲过这段话，目前尚有争议。在我看来，这段话完美地阐明了玻尔的立场。

31

进一步的实验

我们在因斯布鲁克和维也纳的实验已经证实了能够远程传送光子偏振状态。然而毫无疑问的是，隐形传态远不局限于此。我们还可以远程传送其他物理量的属性和状态，比如说光子的能量态或者动量态，或者原子的量子态。同时，一些更为复杂的系统也可能实现隐形传态。

目前在布里斯托尔大学任教的桑杜·波佩斯库于 1994 年在剑桥大学时提出了一个设想。这一设想在数学上等同于隐形传态，但却有着不同的物理学含义。他建议将被远程传送的状态置于一组纠缠光子对中的一个上。1997 年，罗马大学弗朗西斯科·德·马蒂尼的研究小组实现了这一想法。在实验中，他们只用了一组动量纠缠的光子对，通过适当的偏振器与偏振旋转器，将待传送状态赋予爱丽丝的光子。这种仅使用双光子纠缠的实验，不能实现对来自外部的光子态的传送。为了实现这一点，我们必须将一个独立的单独光子的偏振状态转移给爱丽丝的一个纠缠光子，这就等同于对两个光子实施贝尔态测量。无论如何，在罗马的这次实验意义深远。这次实验，与其说它是"远程传送"，倒不如说它是"远程准备"。原因是在试验结束时，对爱丽丝光子的准备工作被转移给了鲍勃的光子。对于"远程准备"，慕尼黑大学哈拉尔德·魏因夫特的研究小组最近又进行了几次实验。

在偏振隐形传态的过程中，一种离散属性被转移了。这就是说，基于偏振器的方向，光子有两种可能的偏振，水平偏振或者垂直偏振。但是，光子还具有某些非离散的连续属性，比如说频率或能量。为便于理解，我们可以将光看作电磁场的许多（理论上甚至是无限多）不同振荡的叠加。由于电磁场的量子本质，其振荡还有一种与此相关的量子力学不确定性，正如海森伯不确定性原理一样。也就是说，量子的振荡模式中出现了一些干扰。有意思的是，我们可以在一种振荡模式中减少干扰。海森伯不确定性原理告诉我们，总有一个互补量的不确定性会增加。这意味着，在其他一些振荡模式中，干扰将会增加。

这种在某种振荡模式中干扰减少的状态叫作"压缩"态。有研究人员希望，将来运用这些压缩态，实现对各种物理量更为精准的测量。比如说，其中一个设想，便是最终观测到爱因斯坦广义相对论预测的引力波。在实验中，通过精准测量悬浮于太空中的镜子的细微运动实施观测，我们的希望是未来能够用压缩光测量这些镜子的位置，精度比现在有可能运用的任何方法都更高。

目前，压缩光也被运用在了隐形传态中。1998年，加利福尼亚理工学院杰夫·金布尔所带领的团队成功将压缩属性从一束光传送到了另一束光。这一实验从实质上遵循了隐形传态的精髓，该精髓必须被转换成光的压缩态的语言。

目前居于哥本哈根的尤金·波尔茨克于2001年在丹麦奥胡斯大学时成功地将一个原子云内多个铯原子的自旋压缩态与另一个原子云中的自旋压缩态实施了联合纠缠。这些原子形成了一个超冷云，被局限于特殊设计的电磁场内。自旋的量子力学属性是角动量的推广形式。众所周知，冰舞者只可以向右转或者向左转（见图50），而原子实际上存在这两种可能的叠加。多个这种原子的自旋可在一定程度上相互一致。自旋一致性越高，原子自旋态的压缩程度便越高。2004年，波尔茨克的团队成功实现了将一个原子云中的压缩属性传送至另一个原子云。2007年，这一团队又实现了光子和原子之间的隐形传态。

另一个引人注目的进步发生在2004年，两个研究团队——一个是因斯布鲁克大学雷纳·布拉特带领的团队，另一个是科罗拉多州博尔德市美国国家标准与技术研究院（NIST）戴维·温兰德带领的团队——各自独立报道完成了原子态的传送。不同的是，实验针对的不是原子的全部量子态的传送，而是单个原子某一特别子状态的传送。两个实验中，实验人员都使用了带电原子即离子，并将离子局限于一个合适的电磁场组合中。

图50 量子"脚尖旋转"。按照经典物理学规律以及我们日常生活的经验，冰舞者既能向左旋转身体，又能向右旋转身体。但是，一名量子冰舞者可如上图那样，处于向左旋转和向右旋转两种可能的叠加态。对于冰舞者来讲，这无异于异想天开，但对于原子及其他量子粒子来说，这已经被实验证实。

　　原则上，在无限时间内将单个离子局限在这样的范围内是可能的。这些离子受到很好的保护，免受周围环境影响，因此其量子态会持续很长时间。利用激光，我们能够将信息写入离子，并再次读取。因斯布鲁克团队使用的是钙原子，而 NIST 团队使用的是铍原子。两个原子量子态之间的纠缠形成量子信道，第三个原子的状态被传送。通过对第三个原子及两个纠缠原子中的一个原子进行贝尔态测量，便将第三个原子的量子态传送给了另外那个纠缠原子。在这些实验中，实现隐形传态的距离很短，甚至远远短于一毫米，原因是这些原子受限于一个很短的范围，相互间距离非常近。

从广义上来讲，所有的隐形传态实验都是量子计算机研究计划的一部分，量子计算机是基于量子力学原理用量子系统实现的计算机。

量子计算机最吸引人的一个特点是，其以量子比特表示信息。比如，一台量子计算机的信息载体可以是一个原子的自旋。我们可以说，按顺时针方向旋转的自旋是一种类型的信息，比如说一个量子比特 0；按逆时针方向旋转的自旋则是另一种类型的信息，比如说一个量子比特 1。而两种自旋所携带的信息之间将会发生纠缠。因此，量子计算机中的信息不仅将会纠缠，而且将会存在于多个可能的叠加态中。有趣的是，量子计算机能够解决许多问题，而这些问题若用传统计算机来解决，将需要比宇宙年龄还长的时间。那么，这与隐形传态有什么关系呢？我们之前提到过，隐形传态是将量子信息自一台量子计算机的输出端传输到另一台量子计算机的输入端的最佳方式。量子隐形传态还可被用于处理量子计算机内部的量子信息。原则上，为了创建一台量子计算机，我们需要使用的方法与实现量子隐形传态的方法相同。为此，1999 年，迈克尔·A. 尼尔森与艾萨克·L. 庄提出了一个量子计算方案，方案中隐形传态在计算机内部发挥了关键作用。

由于量子隐形传态对光子特别适用，因此，我们有理由期待，制造一台按照相同原理运行的量子计算机是可行的。这样一台量子计算机将只利用光子，而不用离子或者原子。如此，信息载体将不再是任何实物，因为光子并不存在静止质量。2001 年，洛斯阿拉莫斯国家实验室的伊曼纽尔·尼尔与雷蒙德·拉夫雷姆以及昆士兰大学的杰拉德·米尔本证明了这一点是可行的。自那时以来，这种基于光子的全光学量子计算机的多个基本要素都在实验中实现了。

这种光学计算机并非每次都能进行有效的计算。这意味着，在计算机运行结束时，它只是偶尔会给出计算结果。在许多情况下，它最终会处于对预期计算无效的状态。同样是在 2001年，慕尼黑大学的罗伯特·劳森多夫和汉斯·J. 布里格尔证实，原则上，建造一台可以规避偶然性问题的量子计算机是可能的。

2005 年，在维也纳大学举行的一次国际合作活动中，我们首次演示了单向量子计算机。在这项工作中，我的合作者包括来自维也纳实验方向的菲利普·瓦尔特、凯文·J. 雷施、马库斯·阿斯佩尔迈耶与伊曼纽尔·申克，以及来自伦敦皇家学院理论方向的弗拉特科·韦德拉尔与特里·鲁道夫。这种单向量子计算机的一大优势是，它的速度大大快于目前我们能想到的所有其他量子计算机。因此，理论上，我们将来应该有可能造出基于光子即光量子的量子计算机。对于执行简单操作的小型量子计算机来说，这是一种特别有用的方法。

32

量子信息技术

　　阅读本书时，我们眼前始终有一个隐藏的故事在发展。这类故事发生过多次，无论是在物理学发展史上，还是在总体科学发展史上。故事每次都因从事科学研究的基本动机开始，即某位科学家的好奇心使然。在纠缠方面的研究中，20 世纪 30年代的科学家便包括爱因斯坦与薛定谔，以及其他几位量子力学的奠基人。他们致力于对量子力学预测的研究。当这些预测被应用于某些单独系统以及单独粒子时，一些违反人类直觉的现象会发生。其中一项预测便是纠缠。另外我们惊奇地发现，量子物理学中存在客观随机性，随机性在这一理论中发挥了基础作用，而不仅仅是我们无知程度的衡量标准。对于早期致力于量子力学研究的许多科学家来说，尽管这些特性，包括量子叠加，已在数学上为他们所知晓，但一直等到诸如爱因斯坦与薛定谔这样的物理学巨擘出现，人类才意识到，这些特性在哲学方面的应用以及对于这个世界的意义是多么独特。我们还记得，爱因斯坦并不接受随机性，他说，"上帝不掷骰子"。薛定谔认为，纠缠是量子力学的本质特征。

下一步，我们的故事便出现了有趣的巧合。在 20 世纪 60 年代中期，约翰·贝尔发现，一个由纠缠引发的重要哲学问题实际上可通过实验进行验证。这个问题便是，是否能够用定域实在论的情景对自然进行描述，这一情景中不存在爱因斯坦所说的"鬼魅般的超距作用"。巧合的是，就在那段时间，激光器问世了，从而使得通过实验测试定域实在论成为可能。在爱因斯坦和薛定谔提出他们哲学问题的 20 世纪 30 年代，情况可并不是如此。因此，实际上，20 世纪 70 年代开始的实验，以及那些证实了量子力学预测而不是定域实在论预测的实验，都是出于那些哲学问题的启发，或者说是少数几个科学家的强烈好奇心。这种好奇心，是人类奋斗的重要动力，并且在新技术的加持之下，不时催生出了科学界一些意义重大的发现。

我们故事的第三篇，是所有早期实验参与者都没有想到的。20 世纪 90 年代，这些基本的量子理论催生出了一些关于信息传递和处理信息新方式的概念，其中包括量子密码学、量子随机数发生器、量子隐形传态以及量子计算机。毫无疑问，如果没有早期实验者仅仅出于哲学好奇心的研究工作，这些概念便不会出现。

我们故事的最新篇章，正逐渐拉开大幕。目前，新型量子信息技术是全世界范围内热度最高的研究领域之一。多个国家的许多研究团队正致力于开发量子密码学、量子计算机、量子通信及许多其他可能的技术应用。

就技术成熟度来说，最成熟的发明概念是量子随机数发生器。这类仪器利用了量子力学中单个事件的随机性，这正是爱因斯坦避之唯恐不及的特性。量子随机数发生器能够产生有可能最佳的随机数序列，这些序列在多个领域有着广阔的应用空间。其中显而易见的应用例子是博彩和机会游戏。假如你在互联网上参与某次轮盘赌游戏，幕后机器产生人们下注的数字，每个人都默认其公平性。显然，量子随机数发生器是产生这些数字的最佳途径，因为使用它的话我们将会知道，在某一圈电子"转轮"中，比如说出现数字21而不出现17，并没有深层次的原因。

尽管如此，量子随机数发生器的可能应用远远超出了机会游戏的范畴。其中一个重要的应用，是计算机内存储的秘密信息的编码。举个例子，假如说出于国家安全考虑，我们希望能够将人们的个人信息长时间存储于一台计算机中。然而，我们还需要考虑，为了保护个人权利，我们希望能够确保没有人能获取这些数据，即便在理论上也不能，除非得到适当的授权，例如经由某位独立法官授权。此时，最安全的程序将是，使用量子随机数对计算机内的数据进行编码，并确保人们只有在得到法官授权的情况下才能访问这些随机数。未经授权，任何人都不可能读取到机密数据。随机数还有其他一些可能的应用，比如说优化算法，不过对此我们在这里不再赘述。

我们提到过，量子理论的另外一个重要应用是量子密码学。人们可以对秘密信息进行编码，并使用量子方式将其发送给接收者。量子密码学处于科学前沿，许多人目前都在致力于发展这项新技术。比如，2008 年，由欧盟委员会支持的一项欧洲大型合作项目展示了一套跨越维也纳城的量子网络，它拥有众多不同节点，类似于量子互联网。

量子计算机的开发建成尚需时日。目前还有一些人持怀疑态度，认为量子计算机建造过程中存在问题过多，所以很难期待建成一台合格的机器。我认为，我们应当更加乐观，绝不能低估实验物理学家们的创造性。

实际上，我们可能会非常乐观地认为，将来有一天，所有计算机都会成为量子计算机。今天，当我们审视信息科技的状态时，我们会看到，计算机芯片的速度越来越快，并能储存越来越多的信息。这一发展结果已经体现在了计算机专家所称的摩尔定律中。摩尔定律是由英特尔公司创始人之一戈登·摩尔提出的一项定律，该定律认为，每过一年半至两年的时间，计算机芯片内晶体管的数量便会翻番。这是因为，由于技术进步，芯片内单个元件，比如单个晶体管或其他电子元件会变得越来越小。

摩尔定律与量子计算机之间存在什么关系呢？摩尔定律意味着，单个比特的物理实现需要的原子或电子数量越来越少。最具意义的是，如果我们将摩尔定律推演至未来，我们会发现，在二三十年之后，传统计算机芯片的基本极限将到来。那时，一个电子便代表一个比特。也就是说，计算机芯片的发展将带来量子极限的实现。随着芯片一步步逼近量子极限，技术发展的速度很有可能会逐渐慢下来，但这并不意味着它会迟滞不前。因此，我们有理由期待，传统计算机最终会进入量子领域。

33

量子隐形传态的未来

　　量子隐形传态的未来如何呢？显而易见，在未来几年的时间里，较之目前，隐形传态实验将会覆盖更远的距离。目前，多个研究团队（包括我自己在维也纳的团队）所坚持的一个设想，是将光子的量子态从地球上的一个基站远程上传到卫星，或者从卫星传送至地球。这一点在理论上是可行的，因为大气层的厚度①只有几千米。实质上，在离开大气层之后，从地面站向卫星发射的光子完全是在真空中传播的。光子在真空中传播，没有任何问题。

　　然而，这类实验也具有相当的挑战性，原因是要捕捉到自卫星发射到地球的光子绝非易事，反之亦然。但是，也没有根本性的理由能够阻挡这类实验最终取得成功。这类实验的价值不仅在于证明如何实现更远距离的隐形传态，更为重要的是，

---

① 此处厚度指的是光子损耗的有效厚度。——编者注

它们还能够在一个全新的维度上证实量子力学的预言。理论上，两个粒子一定能够保持相互纠缠，不管二者相距多远。

这种纠缠是否可能在全宇宙范围内发生呢？这是一个有趣的问题。有人认为，自宇宙诞生之时起，许多光子，甚至更多复杂的系统便处于纠缠态。对地球上一个光子的测量——它从亘古之前到达我们这里——能够影响到遥远距离之外甚至银河系之外某处另外一个光子的量子态。很难想象，这些实验何以在一个合理的时间之内实现，我们该如何测量数万光年以外银河系另一端的一个光子呢？

一个不错的现实的做法，是设想在地球和月球上的一个测量站之间，或者在地球和相较于月球距离更远的宇宙飞船之间进行此类实验。我们来设想一下未来的火星之旅。在从地球飞往火星约 260 天的漫长旅途中，宇航员们一定会百无聊赖。在这段时间里，这些宇航员何不找一点乐趣，进行量子纠缠和量子隐形传态方面的研究呢？这样的实验将把已经证实的纠缠的距离延长至数千万千米。

量子隐形传态还有另外一个发展方向，即将在几年内结出硕果。这会涉及更多复杂系统，例如原子或分子。一个物体越大、越复杂，与之相关的实验挑战就越大。显然，随着构成物体的粒子数量的增加，挑战难度也会增大。要描述一个复杂的分子，我们不仅要知道它由哪些原子构成，还需要知道不同分子之间是如何排列以及如何相互连接的。因此，我们需要传送的用于描述这些复杂分子的状态特征中必须包含大量的信息。

这将会带来两个挑战。一个挑战是需要为如此复杂的系统创建纠缠态，另一个挑战是需要为这些复杂情形发明一种广义贝尔态测量方法。因此，有志于此的科学家们还有很多工作要做。

但是，我们有充足的理由保持乐观。在过去几年的时间里，有关的实验获得了巨大的进展，其中有许多进展是前几代物理学家所难以想象的。我们之所以信心满满，原因很简单，因为事实上，我们已经能够对量子干涉，甚至对由数百个原子组成的大分子（比如巴基球，即富勒烯）及其化合物的量子干涉进行观测。巴基球（得名于巴克敏斯特·富勒的短程线穹顶）是一种看起来类似足球的碳分子。对于此类物体，我们可以高精度地观测到量子干涉。我们发现，对量子干涉的观测证实了量子叠加的存在，因此它是迈向建立纠缠态的重要的第一步。目前，没有人知道这类复杂的分子如何实现纠缠态，更困难的是如何在这样的两个分子之间建立纠缠态，而做到这一点是实现广义贝尔态所必需的。但是，我们没有理由不相信这一点将会在将来某一天的实验中实现。这一天来得甚至可能比许多人预料的还要早。

其中有一个超前的实验挑战，是展示生命系统的量子现象。例如，薛定谔发明了一个假想实验。他提出创建一种活猫与死猫的叠加态。我们有充分的理由相信，这至多是最特别的科幻小说，是一门新学科的虚构部分而已。但另一方面，从理论上讲，将来某一天我们能够观察到生命系统的量子叠加态，也不是完全没有可能。例如，我们没有理由不相信，人们能够针对变形虫或非常小的细菌进行量子双缝实验。诚然，要实现这一点，我们首先必须克服许多实验方面的挑战。例如，我们必须设计出一些方法，用以保护这些小型生物免受恶劣的实验环境的影响。所有这些实验都必须在真空中进行。更概括地说，一个能够显示出量子干涉的系统不能与普通环境发生相互作用，因为如果那样会破坏它的量子态。然而，一个生命系统无法生活在真空中或被完全孤立的环境中，它需要营养，需要从空气中摄取氧气，需要在一定的温度下生存，等等。但如果我们只是玩一会儿科幻小说中的游戏，我们便可以很容易地想到使用纳米技术为小细菌或变形虫建造一座小房子，从而保护它，使它完全不受环境影响。如此，这些生物就可以在真空装置和类似的环境中生存下来。再次重申，这只是科幻小说里的情节，但兴许将来某一天它会实现。

隐形传态助力旅行？

科幻小说作家笔下所谓的瞬间挪移，说的是能够在一瞬间将人类从一个地方转移到另一个地方。显然，这一设想能够延展到太空。从现实角度讲，更为重要的是，在科幻电影中，制片人运用隐形传态可以省下一大笔费用。他们在剪辑室中，便可以简单、低成本地实现隐形传态。如此，影视公司便既不必模拟飞船登陆外星球的画面，也不必制作相关的特效，从而大大降低了电影制作费用。

瞬间挪移的思想对人们非常有吸引力，因此它的提出算是一个巨大的成功。但是，"现实"情况又是如何呢？本书罗列的一个个实验，是否真的能够使我们瞬间传送人类的梦想成为现实呢？

答案是一个大大的"不"字。

为了解释清楚这一点，让我们来列一下要实现瞬间传送人类，需要做到哪些。你将会发现，实际上，下面的事项清单是一张"不可能事项"清单。

1. 待传送的人必须处于量子态。要实现量子态，待传送系统便必须与外部环境完全隔离。与外部环境发生的大多数交互会破坏人类体系的量子态，从而阻碍他们被传送。这当中最根本的一点是，对于活着的人，这一量子态必须包括各种状态的叠加。然而，这一点到底意味着什么，人们并不清楚。薛定谔用处于生死双态叠加的猫阐述了这一点。显然，没有人知道这些状态的真实含义，也没有人清楚如何产生这些状态，以及如何在实验中测量它们。另外一个问题是，被传送的人有思想、有意识甚至有灵魂，他会运用自己的思想去观察自身所处的环境。仅凭这种观察本身便足以破坏量子力学的叠加态，因为对环境的观察可能会向被传送者提供信息，告诉他实际处于哪一种叠加态。由此我们得出结论，所有这些可能会使隐形传态无法实现。

2. 假如我们能够克服第一条中全部的问题，并且我们能够将某人置于量子态。此刻按照量子隐形传态协议，便会产生新的挑战，因为我们必须另外创建一个与此人处于纠缠态的人。我们还记得，纠缠并不意味着纠缠对的双方完全相同。纠缠是指两个纠缠系统在被测量之前都不携带任何自身属性。比如说，在被测量之前，每个纠缠的人都不携带自身特有的头发颜色、眼睛颜色或任何其他个体属性。当然，所有其他个体特性也必须是未定义的。然而，两个处于纠缠态的人必须完全相关。也就是说，当我们观察其中一个人，看到他呈现某种头发颜色和某种眼睛颜色等时，量子纠缠对中的另一个人将立即被投射到具有相同属性的状态，不管两人相距多远。对被传送的人来讲，其所有特性都是如此。这不仅听上去匪夷所思，而且这样做也很难被理解，因为关于如何实现这样的纠缠态还需要创建某项实验协议。毋庸置疑，活着的人之间发生纠缠，会引发巨大的道德问题。这世间有哪两个人会愿意丢弃自身所有确定的属性，并相互之间发生纠缠呢？人们作为一个个独立的个体，有谁会愿意将身家性命交由未来的实验者摆布呢？处于纠缠态的人在被测量时会呈现哪些属性，将完全是随机的。对于这一宿命，又有谁会心甘情愿地接受呢？显然，任何一个心智健全的人，都不会接受上述情形的出现。

3. 然而，即便我们成功创造出了处于纠缠态的人，在实验方面也会出现糟糕的问题。最终，我们要将被传送者以及另一个人投射到一个纠缠态之中。正如我们在用光子进行的隐形传态实验中所看到的，这一点是对贝尔态测量概念的广义化。没有人知道如何去实现这一点。从理论上讲，我们可以通过数学手段记录这些状态的特征，但这无异于玩数学游戏。这些问题完全超出了人们的想象。对于第一点和第二点，我们尚且能够连讥带讽地评论一番。而对于本条，我们只能不予置评了。

综上，我们得出结论：我们想要屏息凝神，停下远行的脚步以期待隐形传态为人类带来福音，这并不是一个明智之举。不过，对于科幻小说，隐形传态旅行仍不失为一个不错的选择。

然而，如本书前面所讨论的，终有一天，人类很可能会运用量子隐形传态在量子计算机之间传输信息。这完全属于另外一个问题。

34

特内里费岛上空的信号

我们的汽车穿过树林，沿着崎岖的山路蜿蜒上行。时值五月，姹紫嫣红的花朵点缀着郁郁葱葱的树林，为我们四下里红棕色的岩石平添了几分妩媚。半个小时之前，我们刚刚离开加那利群岛的特内里费机场。此刻我们已经到达了海拔约 2000 米的高度。突然之间，眼前焕然一新，我们开到了一片岩层错综的高地。前方豁然升起的，正是泰德峰。

"这是西班牙境内的最高峰。"佐兰·索德尼克告诉我们。我们年轻的西班牙朋友何塞普·佩迪格斯补充说："泰德峰最高海拔 3718 米，每个西班牙人都以登上此峰为傲。"

"从缆车的顶站到达峰顶，只有不长的路程了。"佐兰笑着说。听到这句话，我们对那些无名登山者的仰慕之情顷刻间便荡然无存了。

佐兰与何塞普是来自欧洲航天局（ESA）的两名科学家。他们负责的是一个全新领域的科技项目——与卫星的光通信。

我们路过一段名为"大教堂"的引人入胜的岩层。这一段岩层告诉我们，数千年之前，泰德峰还是一座活火山，是它在海底造就了特内里费岛。

"不过，你们不能就这样坐完了缆车然后爬上峰顶，"何塞普提醒我们，"到峰顶你们需要有许可证，许可证只能在圣克鲁斯岛上的一间办公室里办理。所以，你们得想办法去办证了！"听到这些，我对那些无名登山者顿时又恢复了一些难以名状的仰慕。

佐兰笑了起来，说道："不过，你们也可以绕过这个证的查验。查证的工作人员会在早上九点钟开始查验第一班缆车乘客的许可证。因此，如果你们足够早，并且可以不坐缆车而直接徒步登山，那么你们便可以在九点之前通过查证点，从而无证登上峰顶。这是对有志于登山者的奖励。"

从缆车底站向上望去，从海拔3550米的顶站到达峰顶的距离并不远。然而，在超过3500米海拔的高度上继续攀登，也可能让人筋疲力尽。

沿着崎岖的山路，我们的汽车继续穿行在火山群之间。转过了一道急弯，我们的眼前突然呈现出了一派现代景象。远处矗立着好几座外形奇特、白光闪闪的建筑。显然，其中有几座建筑里放置着望远镜。我们到达了此行的目的地——加那利群岛天体物理研究所（IAC）的泰德峰天文台。

这里的大多数望远镜都是为对太阳进行多方面的观测安装的。它们由一些欧洲国家共同运营，这些国家一直在合作建立这种望远镜集群。在加那利群岛的另一个名为拉帕尔马的岛上，这家研究所还有一个分部，距离特内里费岛大约 150 千米。拉帕尔马岛上的望远镜主要用于在夜间观测太空。由于特内里费岛上人口密度较大，夜晚的天空不够暗，科学家们难以观测到太空中亮度较暗的星体，因此，此处的望远镜主要用于观测太阳。

"我们与阿特米斯卫星的首次联系计划定于晚上九点半，因此我们仍有时间吃点东西，"何塞普提议说，"该开饭了，我中午只吃了一小块三明治。"

此时此刻，我才明白，何塞普开车开得极富激情，并且随着我们距离研究所越来越近而开得越来越快，是他那空空如也的肚子在作怪。

我们走进了 IAC 里面我们的房间。这使我们想起了阿尔卑斯山或其他山脉上的典型小木屋——粗大的木梁和简洁的陈设，看上去却也温馨舒适。唯一的不同在于观测区墙上悬挂的卫星图片以及窗户外的几台望远镜。何塞普和我们一起狼吞虎咽地吃起了晚饭。晚饭过后，我们便准备走向最终目的地——欧洲航天局负责运营的光学地面站（OGS）。佐兰是 OGS 的负责人，他热衷于在那里实现新的科学想法。

我们走出住所时，外面漆黑一片，街面上没有灯，我们刚走出的大楼里也没有透射出一丝光线。这里的所有人都尽量避免产生任何光线，因为这可能会干扰望远镜的运行。

走过一段路，我们发现，我们每人所携带的小手电筒并不是必需的。在我们的眼睛逐渐适应了黑暗的环境之后，几缕淡淡的月光便足以为我们指路了。

很快，我们便来到了 OGS 望远镜那里。当天的仪器操作负责人爱德华多与马丁热情迎接了我们。

佐兰打开了他带来的两瓶香槟酒。"按照惯例，每次与阿特米斯成功取得联系后，我们便会打开一瓶好酒，"他说，"还有十分钟，我们就能联系上了。让我们去控制室吧。"

在那里我们了解到，阿特米斯卫星由欧洲航天局发射到太空，用于测试地面站与卫星之间以及不同卫星之间的光通信方法。

通常情况下，与卫星的通信是通过无线电信号实现的。一方面，这些信号是向卫星发送指令所必需的；另一方面，卫星要通过它们将其仪器所收集到的信息发送回地球。特别是当卫星需要发送图片时，数据量非常大。在这种情况下，便需使用能够比无线电信号携带更多信息的通信方式。

地球上目前的远程通信中，大量的数据早已通过光来传送。在现代城市中，光纤电缆遍布各处，连接着不同的计算机。当卫星向地球发送图片信息时，同样需要用到这种光通信。这便是阿特米斯的真正使命——探索如何成功实现光通信。

"九点半，阿特米斯将会准时点亮信号灯。信号灯是一个小型的激光器，其发射的光线强度比一个普通手电筒发射的高不了多少。它将从 3.5 万千米之外的距离向地球发出光线。"佐兰解释说。

"可是，阿特米斯如何知道它发出的光线照到我们了呢？"我问道。

"我正要说这个问题，"佐兰说，"阿特米斯大概知道我们的位置，因此它会命令它的激光束以 Z 字形扫过我们可能在的区域。我们用这台望远镜观测阿特米斯，每当捕捉到光线，我们便会告诉阿特米斯停止它的 Z 字形激光搜寻。如此，我们便知道，光束到达了我们所在的位置。而后，阿特米斯便会切换到一条更弱的光束，用于数据传输。"

此刻正值九点半，但什么也没有发生。过了一小会儿，我们在一台计算机的屏幕上发现了一个移动的小光点。阿特米斯的激光灯照向了我们。计算机向阿特米斯发送了停止搜寻指令，小光点顿时停了下来。我们快速走出控制室，走进了放置大型望远镜的圆顶屋。此刻，望远镜正以一个陡峭的角度望向天空。

"我们能看到来自阿特米斯的光吗？"我问道。

"看不太到，"佐兰回答说，"它发出的是红外光，不是可见光，因此我们的眼睛看不到它。"说着，他递给我一台夜视仪。它看上去像一台望远镜，工作原理类似于数码相机，能够捕捉到红外光，并将其转变成肉眼可见的屏幕上的图像。突然之间，夜视仪里出现了来自阿特米斯的光点。这是人类制造出的、从 3.5 万千米距离之外射出的光！

片刻之后，我们打开了香槟酒，庆祝与卫星联系成功。这便是我们希望拥有的、能将来用于纠缠和量子隐形传态实验的技术。我们希望，将来有一天能够发射一颗配备纠缠光子发射源的新一代卫星，作为阿特米斯的量子继承者，继往开来。

最大的挑战是将光子的量子态从卫星传送至地球或反向传送。其中的基本思想，与本书前面讨论过的几个实验的思想非常类似，但它的实验实现难度要大得多，原因是卫星上的仪器必须极为可靠，且在任何环境下都不会出现故障。如果地球上的实验室出现故障，我们可以现场维修。而对于身处太空的卫星，这一点无法实现。

那个晚上，我们又进行了几次进一步的测试，都取得了令人满意的结果。第二天，我们驱车离开，前往机场。一路上，我们欢欣鼓舞。我们亲眼证实了将来通过卫星进行关于光子纠缠的实验在理论上是可行的。多年来引人注目的科学研究就在我们眼前。

汽车离开泰德峰地区的火山高地，然后穿过了一片稀疏的松树林。我们回到了这座美丽岛屿的海岸边，再一次涌进了人世间的喧嚣。

35

最新进展以及若干开放性问题

    本书写作行将收尾之际，世界各地多家实验室关于量子计算、量子隐形传态及类似课题的实验正在如火如荼地进行。我可以确定，自本书写作收官时刻至诸位读者手捧本书品读之时，我们的技术又将取得诸多进步。

    最近最有意义的进展之一，莫过于太空实验准备工作。在这些准备工作中，欧洲航天局光学地面站（OGS）运用望远镜进行的实验便是其中之一，它位于加那利群岛的特内里费岛。无论是在已经实施的实验中，还是在正进行的实验中，都是将一个测量站放在拉帕尔马岛，另一个放在特内里费岛。这两个测量站相距约 150 千米。在拉帕尔马岛上，我们有一个小规模测量站和一个能够产生纠缠光子对的平台。纠缠光子对中的一个光子就近在拉帕尔马岛上测量，另一个光子则被发送至特内里费岛。要捕捉到如此长距离传送的光子绝非易事，为此科学家们做了多次相关的实验。其中一个国际合作实验是由来自慕尼黑大学、布里斯托尔大学和帕多瓦大学的团队以及我在维也纳的研究小组进行的，它是一个很好的例子。

远距离捕捉光子的一个难点在于应对大气的不稳定性。比如，当我们在夜晚仰望星空，或者在海边遥望渔船时便能体会到这一点。这类时刻我们会发现光在闪动且有些游移不定。回到我们光子实验的情形，这意味着发射自拉帕尔马岛上的光子并不一定能够到达特内里费岛上的接收站。而我们的实验之所以能够成功，是因为我们内置了一套主动校正机制。在 OGS 上，我们另外安装了一台与阿特米斯卫星上类似的信标激光器。这台激光器会将光照射到拉帕尔马岛。同理，相反方向的安排也是如此。拉帕尔马岛上的发射站以及特内里费岛上的接收望远镜一直持续不断地调整方向，从而使得信号强度达到最大。截至目前，已经能够证明，在经过如此长距离之后，光子仍然能够很好地保持纠缠态；同时，我们也能够进行一次真正的量子密码学实验。

在意大利南部巴里市附近的马泰拉同时进行的一个实验中，我们也采用了一个类似的望远镜。这个实验是我们与来自帕多瓦大学的一个团队合作进行的。实验中，我们向一颗日本卫星阿吉沙发射了一个弱激光脉冲。阿吉沙卫星装有许多猫眼反射镜，能够将光反射回地球。这一实验的目的是探测返回地球的单个光子。最终，我们将发出的激光束强度调节到极弱，从而使得发射出去的每个光脉冲，仅有一个光子能够返回地球。通过精准计时，我们得以识别这些单独的光子。做到这一点，靠的是我们能够通过卫星的位置判断出某一个光子返回地球的确切时间。所有这些实验的最终目标是为通过卫星进行量子通信做准备。其设计原理是：在一颗卫星或一座国际空间站上安装一台特制发射源设备，向地球发射一个或两个光子，从而能够建立远距离的量子隐形传态和量子密码，因为这些光子可以被发送到遥远的地方。

关于量子计算机的研发，有一个非常重要的问题。目前世界上有多家团队致力于量子计算机领域的研究。有些团队使用单个原子或者离子作为信息载体；有些团队则致力于运用现有计算机标准的半导体硅技术，并对其加以修正，从而能够对单量子比特进行编码和处理。其中一个设想，是将单个原子逐个植入硅或其他材料的半导体，并加以设计，使它们之间交互，从而形成一个量子处理器。还有几个团队则致力于使用小型超导元件。可以说，目前对于这一领域的研究可谓是百花齐放。今天，我们完全无法预测这一技术未来的发展方向，更不能预测哪一种技术将最终得到工业化应用。对于未来发展非常重要的一点是，运用一种类型的物理现实开发和演示的许多概念，能够轻而易举地被转化为另外一种物理方式，比如说，从原子转化为光子，或从光子转化为离子，因为诸如叠加和纠缠之类的基本概念都是相同的。因此，量子计算机技术在将来很可能会综合吸纳上述多种方式，或者说我们目前甚至还没有发现最好的方式是什么。在科学界，任何时候都不乏一浪高过一浪的新思想巨潮的持续涌动。

在这些令人着迷的新思想中，其中之一是单向量子计算机，我们之前已经简单介绍过。这一思想真正吸引人的地方在于，它遵循的工作原理与所有其他类型计算机（不管是不是量子计算机）完全不同。对于一台标准的量子计算机，我们是将量子比特输入其中。然后，该算法便通过这些特定量子比特的演化来实现。

单向量子计算机的工作方式是一种完全不同的方式。这里，我们从一种有许多量子比特的复杂纠缠态开始讲起。这一状态的内涵极为丰富，使得它实质上包含了我们可能诉诸计算机处理的所有问题的解决方案。只要这一状态包含足够多的量子比特，它便是普遍适用的。此刻，它的计算操作方式非常吸引人。其中的算法，即实施计算的过程，实际上是对量子态的一系列测量。它从以特定方式测量某个量子比特的指令开始。这一测量会将这个量子比特投射到一个确定的状态。我们要记住，纠缠意味着所有的量子比特都不具有自身的状态。但是，一旦被测量，量子比特便会随机呈现某一属性。对单量子比特的测量破坏了被测量量子比特与其他量子比特之间的纠缠。同时，这一测量还会改变与其发生纠缠的所有其他量子比特的状态。因此，对一个量子比特进行测量，我们便能够将其余的量子比特驱动到另一个状态，它们依然保持彼此纠缠。然后，这个算法会告诉我们下一步将测量哪一个量子比特，再下一步测量哪一个量子比特，依此类推。当所有测量完成，且每一次测量都给出了正确结果时，最终留给我们的是几个包含了计算结果的量子比特。

一个重要的问题是，对一个量子比特的每一次测量都会产生一个随机结果。现在，事实证明，在每两个结果中，仅有一个可以使其余的量子比特被投射到理想状态，使得计算可以持续进行。对于另外一种结果，我们则只需要放弃并重新开始。这种方式的效率并不高。幸运的是，劳森多夫和布里格尔发现，我们可以以纠正这些错误，方法是根据第一轮获取的结果决定未来测量的方式。只有如此，这样的量子计算机才具有确定性。2007 年，我们的研究团队用纠缠光子做了一个这样的实验。实验用到了非常快速的电子仪器来探测光子并提交结果，从而使得对剩余光子的测量被改变得足够快。令我们意想不到的是，我们发现，有可能以这种方式制造出一种量子计算机，其运算速度快过任何其他现有的量子计算机发明。

从概念上来讲，单向量子计算机非常奇妙。阿根廷作家豪尔赫·路易斯·博尔赫斯的短篇小说《巴别图书馆》描绘了一座包罗万象的图书馆，从某种意义上说，单向量子计算机就是这种图书馆的量子现实。这座图书馆既包含了世界上所有已写成的书，还包括所有将要被写成的书。这一点能够实现吗？原理并不复杂。雷蒙杜斯·卢勒斯曾建议图书馆囊括全部可能的字母组合构成的书。也就是说，它包含了读者手捧的书，也包含了有一处印刷错误的书，还包含了有两处印刷错误的书，等等。最终，我们可以想象，这样一座图书馆百无一用。找到一本合适的书，是一项极其复杂且毫无意义的工作。为了能找到它，我们必须知道其每一个细节。

某种程度上，单向量子计算机的起始量子态正如这座巴别图书馆。这一量子态包含了任何计算的所有可能的结果，或者说，它包含了所有可能写成的书。这足以说明量子物理学的内涵有多么丰富。现在，我们并不去搜索我们想要的书，但通过对其状态的连续性测量，我们会迫使剩余的量子比特被驱动至我们所希望的结果。这是一种有关计算如何运转的全新理念，它有可能彻底颠覆我们对于计算含义的认知。

很明显，量子互联网是一个面向未来的奇妙的设想。它是一种通过量子隐形传态进行信息交换的全球量子计算机网络。通过应用量子密码学，这样的量子互联网能够有效地防止任何窃听。

量子计算机是否有一天会取代全部现有的计算机，目前尚无定论。然而，我们有理由对此保持乐观，我们也没有什么理由认为将来不能实现这一点。

量子概念是否能够对存在于人体内的计算机——人脑发挥重要作用，这一问题目前已广为热议。人们一致认为，量子物理学在所有生物学现象中发挥着重要作用，其中发生的化学过程最终都是量子过程。除此之外，没有任何迹象表明，我们的大脑使用了量子比特甚至纠缠。人们普遍认为，这一点无论如何是不可能发生的，因为我们大脑中的状况与观察量子现象所需的条件大相径庭。我们还记得，为了能够观察到纠缠和叠加，系统必须与外部环境严格隔离，因为来自外部世界的大多数干扰都会破坏量子态。双缝干涉实验便属于这种情况。理论上能够帮助我们判断粒子取道两条缝隙中的哪一条的对粒子的每一次干扰，都会摧毁量子干涉。这一现象被称作退相干。纠缠中也存在类似的问题。对两个粒子中的一个实施干扰，可以轻易地破坏纠缠。而我们大脑的环境则全然不同。大脑中的神经细胞都浸泡在"热汤"里，完全没有与环境隔离。

然而，从基本的观点来看，我们原则上不能将量子物理学对我们大脑可能发挥的作用排除在外。这一问题为何尚未解决，需要我们看一下量子计算自身的发展历程。令许多人非常惊讶的是，我们发现，即便在量子计算机中，也可以通过实施两种机制（或方法）来对抗这种干扰。一种方法是通过一种能够强力对抗退相干的方式储存信息。如此，信息便可以储存在与外部无显著耦合的单个量子系统的属性或自由度中。这种方法是无消相干子空间法。另外一种方法，是将这些信息共同储存在大量量子比特中，从而形成一定程度的信息冗余；同时，通过对这些量子比特进行量子对比，我们便可以判断每个量子比特是否因某些外部干扰而被改变，并做出相应的纠正。这种方法是量子纠错法。因此，类似的机制也可能会在我们大脑中发挥作用，这一点并非不可想象。只不过，我们目前尚不清楚，这些机制在大脑的什么地方发挥作用，以及如何发挥作用。所以，目前一切都只是猜想。不过，另一方面，弄清楚随机性、纠缠或者叠加是否在我们大脑中发挥作用，是一个极具挑战的研究课题。有人相信，对于这些问题的探索，能够使我们更进一步认识到意识是什么，人类的思想又是什么。这一点正确与否，尚有待证实。意识是什么？人类的思想是什么？是否会出现有意识的机器？我们如何才能判断一个系统、一台机器或一个生命体是否有意识？今天，这些问题都没有确切的答案。将来，这些问题都将成为科学研究的热点课题。

36

这一切意味着什么？

相较于上述问题，更为重要的可能是量子物理学的概念性与哲学性结论。我们在本书中已经探讨过，我们所青睐的认知世界的一些方式根本行不通。我们已经认识到，这个世界独立于我们、独立于我们的观察而以其固有属性存在的观念遇到了危机。我们并不仅仅是被动的观察者。因此，奥地利物理学家沃尔夫冈·泡利曾经说过，观察者脱离这个世界存在的想法已然过时。超然物外的观察者正如剧院里目睹戏剧上演的看客，无论他紧盯戏台不舍，还是自顾低头沉思，戏台上的剧情进展依然如故。

通过本书，我们了解到，通过选择测量仪器和决定测量目标，观察者会施加显著的影响。关键之处在于，观察者的测量仪器不仅仅影响或者改变被观察的系统，这一点在某种程度上尚可为我们所接受。但我们已经认识到，对于测量仪器的选择实际上决定了量子系统的属性，这个属性作为一个实验结果而被实现。比如，双缝干涉实验的观察者是选择能够助他判断粒子路径的设备，还是选择能够助他获取干涉图样的设备，决定着成为现实元素的到底是路径还是干涉图样。然而，在这里我想提醒读者朋友，尽管存在这样一种认知，认为是观察者的思想左右了量子态，然而这一想法是危险的，是量子测量过程方面的物理学所不支持的。

同时，我们知道，有一个特别的哲学观点已被实验完全排除，那便是定域实在论。定域实在论认为，我们能够观察到什么，都是由被观察系统的现实物理属性以某种形式界定的。这一现实物理属性存在于我们观察之前，且不受我们观察的影响。同时，定域实在论认为，远端不会有瞬时行动。也就是说，我们所观察到的事物不受同一时间位于远端的另外一人所做决定的影响，不管他是否对一个与我们的粒子发生纠缠的远端粒子进行了测量。

我们还知道，量子世界是由一种全新的随机性支配的。单个测量结果是完全随机的，我们不可能对其进行任何详细的因果性解释。这并不仅仅是我们不知道原因是什么，这还很可能是量子物理学中最吸引人的结果。我们假想一下：几百年的科学研究、几百年的原理探索以及对事物运行机制的尝试性探究，最终将我们带入了一个死胡同。一夜之间，出现了一件事情，即单个量子事件，使我们不再能够做出详尽解释，而只能够进行统计预测。此刻的这个世界，并不能唯一决定几年之后、几分钟之后甚至下一秒之后世界的样子。这个世界是开放式的。

对于个体事件，我们只能给出它的发生概率。这不仅仅是因为我们的无知。许多人认为，这种随机性仅限于微观世界。但这种想法是错误的，因为测量结果本身可能会产生宏观的结果。

尽管我们已经知道，定域实在论站不住脚，但问题是到底是实在论不正确，还是定域性错了呢？换句话说，我们要抛弃的，是定域性的说法还是实在论的说法呢？我们是否允许爱因斯坦所说的瞬间"鬼魅般的超距作用"存在呢？这样做我们能否拯救实在论，或者说即便我们愿意放弃定域性，我们又能否抛弃这个世界的实在性的一面呢？这些问题一直萦绕在物理学家们的脑海中。最近，伊利诺伊大学厄巴纳-香槟分校的托尼·莱格特提出了一个引人入胜的想法。他提出了一个允许非定域性存在的模型。也就是说，只要不允许超过光速的信号传输，就能有远端瞬时行动。然后，他又展示了一整类合理的实在性理论实际上与量子力学互相冲突。在最近的一次实验中，我的团队与马雷克·祖科夫斯基合作证明了基于这一模型的预测与实验相冲突。因此，结论是，接受非定域性能够拯救实在论，但要付出极大的代价。也就是说，我们所认为的现实的世界有着非常奇特的属性。对于这些问题，我们不再赘述，因为这已经超出了本书的范畴，目前人们对于这一哲学分支尚一无所知。

因此，总体来讲，我们必须承认，尽管在量子物理学的观点中，这个世界符合人们常识的一些情形已不再可信，然而新的世界观将会如何运转，目前尚无定论。但是，有一点毋庸置疑，量子力学的预测已在所有的实验中被精确证实，至少我们可以说，量子力学理论极有可能正确描绘了我们的大千世界。因此，我们现在便可以猜想一下，这样一种新的世界观将会何去何从。

世界的新景象必须包括三个属性。显然，这三个属性在量子实验中发挥着重要作用。前两个属性是关于自由性的。我们可以将单个量子事件的客观随机性解读为一种大自然的自由性。大自然自由地给了我们它喜欢的答案，没有任何预先确定的原因。实际情况是，没有任何形式可以决定单次测量的结果，包括隐藏的形式。第二个关于这个世界的重要属性，是个体实验家的自由性。这一属性是我们做出的假设，即自由意志。也就是说，一个人想进行何种测量可由他自由决定。在纠缠光子对的实验中，爱丽丝与鲍勃可以自由选择开关设置，从而确定对相关粒子采取何种测量。在我们的讨论中，一个基本的假设是，这种选择不是由外部因素决定的。对于科学研究工作，这一基本假设至关重要。如果事实并非如此，那么我认为，在实验中问询于大自然将变得毫无意义，因为此时大自然能够决定我们提出的问题是什么，从而引导我们得出错误的答案。这里，我要再次提请读者注意：量子随机性完全不能像人们常说的那样，能够解释自由意志。

因此，我认为，关于自由性的这两个属性，一定是构成我们将来世界的必要属性。另外，还有同等重要的第三个属性，即信息的概念。信息在量子物理学中扮演着至关重要的角色，它在其中的作用似乎已经超越了它在经典物理学中的作用。

在经典物理学中，正如泡利所建议的那样，我们的观察者是超然物外的。在这种情况下，我们获取的关于某种情形的信息来自这个世界的属性，它是继发性的，是关于已经存在的东西的信息，尽管我们获取信息的过程可能会改变被观测系统的属性。这些信息是超然物外的观察者获取的。

在量子物理学中，这一情形却全然不同。我们知道，在双缝干涉实验中，关于干涉的一个决定性标准是，是否存在任何泄露粒子路径的信息，不管粒子通过了两个缝隙中的哪一个。如果这一信息存在——至少在原则上可能知道粒子走哪条路径——那么便不会有干涉图样出现。只有当可以被用来判断粒子路径的信息不存在的时候，量子叠加的干涉图样才会出现，这些信息即使在原则上也不被允许存在；如果它们存在，即使没有被我们注意到，也不可以。因此，信息就是我们在原则上能够知道的。如果我们提取这一信息的手段足够先进，如果我们的科技水平足够发达，等等，那么我们便能在原则上理解这种信息。然而，也可能是我们只有能够描述这个世界，才能决定这个世界的乾坤。

因此，我们在原则上对这个世界的看法似乎对现实要素有着关键的影响。我们的隐形传态实验亦是如此。还有一个重要概念是信息。被远程传送的量子态实际上就是一种信息。

因此，我们关于世界的描述不仅在形成我们对这个世界的认知框架方面起到了关键作用，而且对我们定义现实要素的范畴，也就是定义哪些特征可以在实验中表现为现实亦举足轻重。

现在，我们可以给出一个至关重要的观察结果，即现实与信息两个概念之间不能彼此分离。如果没有对现实的了解，也就是说如果没有信息，我们甚至无法思考现实。在物理学的发展史上，我们已经看到，当我们不再将人们之前认为的风马牛不相及的概念割裂开来时，我们便有了重大进步。比如说，一项重要的进步是，我们不再将相对论中空间和时间的概念分开来看，而是将二者合并为一个叫作时空的概念。还有两个类似的概念是信息和现实。然而，这两个概念就像是硬币的两面。未来世界将何去何从，人们将拭目以待。

此刻，我们终于懂得，爱因斯坦为何要批评量子力学，为何认为纠缠是"鬼魅般的"。他认为，真正的、真实的现实存在于其本质属性中，不依赖于我们自身。这一将现实和信息割裂的观念在量子物理学中似乎已无立足之地。

由此，概括起来，一方面，相较于经典物理学所允许的，我们的世界其实更加自由；另一方面，相较于从前，我们被更加牢固地嵌入这个世界了。

附录
人人都能读懂的纠缠——一个量子谜团

A. 匡廷格

摘要

量子物理学中最引人入胜的现象之一就是纠缠。阿尔伯特·爱因斯坦称其为"鬼魅般的",以表达他对这一现象的不以为然。纠缠现象指的是,两个(或更多)粒子(或系统)之间能够非常紧密地联系,从而使得在对一个粒子测量的同时会改变另一个粒子的量子态,不管两者距离多远。这种联系不能由这些粒子自身所局部携带的属性解释。约翰·贝尔证明了这种定域实在论的预测与量子力学的预测是相冲突的。本文旨在就纠缠展开能为大众读者所接受的论述。为实现这一点,本文论述了典型的实验过程,并阐明了推导出贝尔不等式的论点。最后,本文还简短讨论了可能出现的哲学后果。

引言

　　量子物理学创立于 20 世纪的第一个 25 年，旨在描述原子及其他微观粒子的行为，特别是光子，即组成光的粒子。今天，量子物理学对于自然界的描述是极其重要和极为成功的。例如，在技术上，量子物理学可应用于晶体管，并因此可应用于所有的现代计算机芯片，还有激光器等。它的内容涉及了基本粒子以及有关早期宇宙的物理学。同时，从数学上看，量子力学对自然界的描述是美妙和精准的。它的全部数学预测都在实验中得到了极为精确的验证。

　　然而，量子力学尽管是一个成功的理论，但它仍存在一个概念性的问题。量子力学的一些预测对我们看待世界的一些核心理念提出了疑问。如海森伯不确定性原理以及"量子跃迁"等概念是众所周知的。然而，最吸引人的现象莫过于纠缠。纠缠一词由奥地利物理学家埃尔温·薛定谔首创。他将纠缠称作量子力学的基本概念，并认为它迫使世人告别了对世界运行机制由来已久的认知。下面，我们将就此展开讨论。

　　1935 年，阿尔伯特·爱因斯坦与鲍里斯·波多尔斯基和纳森·罗森一道，发表了一篇题为《能认为量子力学对物理实在的描述是完备的吗？》的论文 [1]。在这篇被称作 EPR 论文的文章中，三位科学家表明，按照量子物理学的理论，两个系统能够通过某种方式极为紧密地联系，其紧密程度大大超过了经典物理学所允许的上限。

我们来看一下两个粒子间相互作用的情况。比如，它们可能此前发生了碰撞。碰撞之后，两个粒子相互远离。EPR 论文表明，量子力学预测，对两个粒子之一的测量能够改变另一个粒子的量子态，不管二者相距多远。这种因对一个粒子测量而施加于另一个粒子的影响是瞬间发生、没有延迟的。这似乎与爱因斯坦的相对论互相矛盾，后者认为，任何事物的速度都不会超过光速。爱因斯坦将这种现象称为"鬼魅般的超距作用"。他希望能够发明一套新的物理学理论，从而推翻它。

　　EPR 论文发表之后，埃尔温·薛定谔对此现象也进行了思考[2]，并启用了"纠缠"这一说法。

　　在相当长时期内，EPR 论文遭到了大多数物理学家的冷遇。当时，量子力学已能非常精确地描述自然，因此人们大都满足于此，并积极将其应用于各种情形。1964 年，情况发生了剧变。爱尔兰物理学家约翰·贝尔发表了一篇题为《论 EPR 佯谬》的论文[3]。在这篇论文中，贝尔表明，如果人们从世界应该如何运行的"理性"假设——人们甚至可能称之为不言而喻的假设——出发，便无法理解纠缠的系统的现象。

　　美国物理学家亨利·斯塔普认为，贝尔定理可能是自哥白尼以来最为深奥的科学发现之一。哥白尼改变了地球是宇宙中心的旧世界图景，而贝尔则给了世界的定域实在性图景致命的一击。然而，二者又存在很大的不同。哥白尼在击碎旧图景的同时，向我们展示了一幅新的世界图景，即行星围绕太阳运动。而对于量子物理学，世界新图景仍在形成中。

自贝尔的论文于 1964 年发表以来，许多实验已经证明，量子力学对于纠缠粒子的预测是完全正确的。这些实验证实了这个世界正如量子力学所预测的那样"疯狂"（出自丹尼·格林伯格）。从根本上讲，虽然贝尔的观点及相关实验基本上是出于对科学的好奇心，但其中发生的一些事却令所有参加了早期实验的科学家欣喜若狂。这些实验出人意料地奠定了新信息技术思想的基础。量子信息技术最重要的几个概念是量子计算机、量子密码学、量子通信以及量子隐形传态。许多人认为，这些概念是未来信息技术的基石。

完全相关性与爱因斯坦、波多尔斯基和罗森

在一般的科学中，特别是在物理学中，我们喜欢定量地描述自然。这一过程通常是：我们首先进行观察，然后设法找到被观察现象出现的可能原因。这一过程的总体目标在于找到一个以数学语言表达的完整的理论描述。物理学中一个理论成功的标志，是它能够对未来的观察做出预测，然后这些预测可在实验中加以验证。总体上，只要一个理论不与实验结果相矛盾，我们便认为它是有效的。

我们来看一个发射源 S 发射粒子对的例子（见图 I）。[4] 一个粒子——我们称其为粒子 a——向测量站 A 运动，另一个粒子即粒子 b 向测量站 B 运动。

测量站 A 与测量站 B 的测量设备完全相同。两个测量站

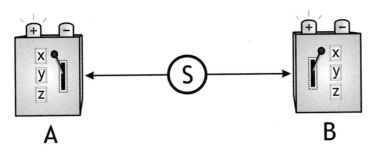

图I 纠缠观察实验示意。发射源 S 发射光子对，一个光子被测量站 A 捕获，另一个光子被测量站 B 捕获。通过设置每个测量站的开关，实验者可以决定对相关粒子采取哪种测量，x、y 或 z 测量。每个开关设置对应的测量结果只有两种可能，或者为 +，或者为 −。

都设有一些内部运行机制，这里对此不做过多介绍。我们只需要知道，每台设备都可以满足我们对射入的粒子进行三种不同类型的测量的需要。具体采取哪一种测量方式，由实验者自己来决定。每名实验者各自操控自己的测量站。实验者能够决定采取哪种测量方式，这一点是通过将开关设置到 x、y、z 三个可能的位置之一来实现的。测量设备的另外一个重要的特点是，在每一侧测量站，只能出现两种可能的测量结果，我们称其为结果 + 和结果 −。同时，我们假设，发射源 S 发射的每个粒子在其对应的设备上都被真实地记录。也就是说，不管选择 x、y、z 中的哪一个，粒子 a 和粒子 b 都将呈现结果 + 或者结果 −。发射源连续发射单对粒子，但永远不会同时发射两对粒子。

实验得出了一个重要的结果：对于 A、B 两侧测量站，无论开关处于给定的 x、y、z 中的哪一个位置，测量结果 + 和 − 的出现概率都相同。这意味着，如果我们测量多个粒子，测量站 A 和测量站 B 的测量结果都将是大约一半为 +，一半为 −。对于被记录的多个粒子，其结果的顺序显然是随机的。一个典型的测量结果顺序可能会是：

+ − + − + + − …… + − − + − + + − ……

在测量站 A 或 B 一侧单独进行的测量叫作单粒子测量。实验得出的第一个结论是，单粒子测量结果总是没有规律。

由于粒子是成对产生的，所以将出现在测量站 A 的结果 + 或 − 与出现在测量站 B 的结果 + 或 − 结合起来进行研究，是一种合乎逻辑的做法。也就是说，我们需要对两个测量站测量结果的相关性进行研究。要弄清楚测量站 A 的哪一次测量结果与测量站 B 的哪一次测量结果存在关联，这一点很容易做到。我们只需要查看哪几次测量是同时发生的即可，因为既定粒子对的两个粒子 a 与 b 是同时产生的，并且两个测量站与发射源的距离相同。这些同时发生的事件叫作相符事件。相符性测量的结果可能是：测量设备 A 的开关恰好位于 x 时，结果 + 会同时出现；测量设备 B 的开关恰好位于 y 时，结果 − 会同时出现。

现在，我们的问题是：一侧测量站的结果 + 或 − 与另一侧测量站的结果 + 或 − 之间是如何对应出现的？这与具体的开关设置有何关系？

第一步，我们首先将考虑的范围缩小，只看测量站 A 与

B 选择相同开关设置的情况。此时，每一侧都有三种可能的设置，x、y 和 z，所以两侧相同的设置结果便分别是 x-x、y-y 和 z-z。对于这些特殊的情形，也就是说当两侧的设置相同时，实验观察结果显示，对于每一对粒子，我们在测量站 A 和测量站 B 得到的结果都相同。因此，如果两台设备均被设置为进行同一种测量，那么我们得到的结果便会是 ++ 或 --，而 +- 或 -+ 的结果不会出现。这一点无论是对 x-x、y-y 还是对 z-z 的设置组合都适用。同时，++ 和 -- 这两种情况的出现频率相同，不管开关设置是 x、y 还是 z。

这些测量结果使我们得出了一个非常重要的结论。如果两侧开关设置相同，那么基于在一侧（例如测量站 B）获取的特定结果，我们便可以确切预测另一侧（测量站 A）的测量结果。爱因斯坦、波多尔斯基和罗森认为，当有可能确切地预测结果时，一定存在一个与测量结果相对应的现实要素。这一现实要素叫作 EPR 现实标准。

理论上，两台装置 A 和 B 的测量结果有完全相关性，这可能是它们之间存在某种未知形式的通信所导致的。这种通信可能意味着，当装置 A 测量它的粒子 a 时，会向装置 B 发送一个信号，告知装置 B 开关所处位置以及出现了哪一个测量结果。然后，如果装置 B 的开关设在了同一位置，它便仅需要提供相同的结果。为了能排除这种解释，EPR 论文提出，两套装置相距太远，信息无法及时送达，因为信息传播速度超不过光速。没有一种信号，其传播速度会超过光速，这是爱因斯坦相对论里的结论。因此，EPR 论文规定，一侧的测量结果不能取决于另一侧同时发生了什么——进行了哪一种测量甚至是否进行了测量。这实质上正是爱因斯坦、波多尔斯基与罗森的定域性假设。

既遵守现实标准，又符合爱因斯坦、波多尔斯基与罗森定域性假设的理论，叫作定域实在论。

现在，我们明白了前面提及的完全相关性，它可通过一个基于定域实在论的非常简单的模型进行解释。

我们的模型假设每个粒子都携带一些决定特定测量结果的属性或指令，每个可能的开关设置都有一个特定的指令。为了解释完全相关性，对于两侧相同的设置，两个粒子携带的指令必须相同。然而，对于不同的设置，指令便会有所不同。按照 EPR 的标准，对于这些属性或指令的假设是合理的。这些附加属性完全能够解释为什么对于同一种开关设置，一旦我们知道了装置 A 的结果，我们便能够确切预测另一侧装置 B 的结果。原因很简单，两个粒子都携带相同的指令对。

我们将每个粒子所携带的这些附加属性称为隐变量，因为它们不需要被直接观察。对于我们的模型，我们只需要知道，隐变量只要能够决定各自一侧的测量结果便足够了。

到目前为止，我们似乎有了一个简单又有效的模型来解释测量结果。不过，任何一个好的模型，都需要能够解释一些它设计初衷之外的情形。或者说，它至少不能与其他情况下的观测情形发生冲突。对我们来说，这些情况便是当测量站 A 与测量站 B 开关设置不同时的情形。此时，我们需要允许两侧测量站之间出现所有可能的设置 x、y 和 z 的组合。我们的模型并不意味着此刻两侧结果相同。只有在两侧开关设置相同时，我们的模型才能预测这一特征。所以现在结果不仅可能是 ++ 或者 − −，还可能是 + − 或 − +。显然，我们模型的设计初衷是针对完全相关性的，它不足以被用于精准预测另外两种可能发生的概率。

尽管如此，贝尔还是能够证明，这些组合形式不能经常任意出现。如果采用我们讨论过的模型，会对它们的出现频率构成限制。这些限制在贝尔不等式中得到了体现。

设计给非物理学家的贝尔不等式

为使读者更容易理解贝尔不等式，我们将通过日常生活经验对其进行解读。这一论点实质上采纳了尤金·维格纳[5]写的一篇论文的思想。这篇论文以贝尔的观点为基础，并由伯纳德·德斯帕纳特[6]进行了扩展。为了更为形象，我们先不去看粒子对，而来看一下人类的孪生子。如此，粒子对应的 x、y 和 z 的三种测量便对应着孪生子的三个特征——身高、发色及眼睛的颜色。对孪生子的测量很简单，我们是通过目测进行的。我们要观察两人是高是矮，发色为金黄色还是深褐色，眼睛是蓝色的还是棕色的。对于任何具有其他属性，比如其他的头发颜色及眼睛颜色的孪生子的情况，我们会加以排除。因此，我们的测量结果每次都只有两个值。

长相相同的孪生子所体现出的完全相关性，与我们所讨论过的粒子对的完全相关性如出一辙。例如，一对孪生子中如果其中一个身材较高，眼睛蓝色，头发深褐色，我们便会知道，另一个也会有高高的身材、蓝色的眼睛和深褐色的头发。按照爱因斯坦、波多尔斯基和罗森的观点，身高、眼睛颜色和头发颜色便是这样的现实要素。通过对双生子中一个人的观察，我们可以准确地预测另外一个人的特征。对于这一相关性的出现，我们也知道其原因在于孪生子携带的基因相同。这些基因正对应着我们之前讨论过的隐变量。

我们如果多观察几对这样的孪生子，便能够得到所有可能的组合。基于我们选出的三个属性，有以下八种组合方式：

- 高个子，蓝色眼睛，褐色头发
- 高个子，蓝色眼睛，金黄头发
- 高个子，棕色眼睛，褐色头发
- 高个子，棕色眼睛，金黄头发
- 矮个子，蓝色眼睛，褐色头发
- 矮个子，蓝色眼睛，金黄头发
- 矮个子，棕色眼睛，褐色头发
- 矮个子，棕色眼睛，金黄头发

因此，在我们所看到的多对孪生子中，有的是高个子、蓝色眼睛和金黄头发，有的是矮个子、棕色眼睛和褐色头发，等等。在所有八种组合中一共有多少对孪生子，我们无须知晓。但是，我们能够得出一些简单的推论。比如：

$$\left(\begin{array}{c}\text{高个子、蓝色眼}\\\text{睛的孪生子对数}\end{array}\right) = \left(\begin{array}{c}\text{高个子、蓝色眼}\\\text{睛和褐色头发的孪}\\\text{生子对数）}\end{array}\right) + \left(\begin{array}{c}\text{高个子、蓝色}\\\text{眼睛和金黄头发}\\\text{的孪生子对数）}\end{array}\right)$$

这个等式完全是不言而喻的。在我们的模型中，高个子、蓝色眼睛的孪生子一定要么长着金黄头发，要么长着褐色头发，没有其他的可能性。由此，我们进一步推导出了一个关于孪生子对数的不等式。

$$\left(\begin{array}{c}\text{高个子、蓝色眼}\\\text{睛的孪生子对数}\end{array}\right) \leqslant \left(\begin{array}{c}\text{高个子、褐色头}\\\text{发的孪生子对数）}\end{array}\right) + \left(\begin{array}{c}\text{蓝色眼睛、金}\\\text{黄头发的孪生子}\\\text{对数）}\end{array}\right)$$

符号≤意味着，式子左侧小于等于式子右侧。我们是如何把式子从等式变为不等式的呢？答案很简单。式子右侧第一个括号内，我们没有设定眼睛的颜色。显然，在我们的样本中，高个子、蓝色眼睛和褐色头发的孪生子对数要么等于，要么小于不限定眼睛颜色的高个子、褐色头发的孪生子对数。同样，在右侧的第二项中，我们放宽了对身高的限制，所以同样的推理也适用。

现在，假设由于某种原因，对于每对孪生子，我们只能观察其一个属性。此时，我们将此前得到的等式做一番改动，改动后如下：

$$
\begin{pmatrix} \text{一人高个子、} \\ \text{另一人蓝色眼睛} \\ \text{的孪生子对数} \end{pmatrix} \leqslant \begin{pmatrix} \text{一人高个子、} \\ \text{另一人褐色头发} \\ \text{的孪生子对数} \end{pmatrix} + \begin{pmatrix} \text{一人金黄头发、} \\ \text{另一人蓝色眼睛} \\ \text{的孪生子对数} \end{pmatrix}
$$

这便是孪生子版的贝尔不等式。显然，根据我们刚才所分析的，这一点正确无误。

在我们继续深入讨论贝尔不等式之前，再来复盘一下我们的分析过程。

我们对长相相同的孪生子的三个不同特征（身高、头发颜色及眼睛颜色）进行了观察，并将这些特征分别限定为仅有两个变量（高个子-矮个子、金黄-褐色以及蓝色-棕色）。对于其他类型的孪生子及其他特征，我们都不予考虑。然后，我们再来考虑会出现哪些特征组合，如此我们便得出了贝尔不等式。

尽管我们刚刚得到的这一贝尔不等式看起来有些过于简单，但这对现代物理学来说恰恰非常重要。对于纠缠量子态为什么从根本上不同于经典物理学的所有内容，这一不等式提供了一个定性的标准进行说明。显然，对于具备相同特征的所有成对事物，贝尔不等式都适用。我们现在要做的，只是将贝尔不等式转化为某种特定的情况。同时，我们还必须将特征限定在两种可能上。如果我们做到了这一点，那么对于日常生活中具备相同特征的成对物体，贝尔不等式便总会成立。

现在，让我们将贝尔不等式转化为前文所述的有关成对粒子的实验。此时，根据开关设置的不同（x、y 或 z），我们观察到的粒子同样拥有三种不同的特性。当在 A、B 两侧分别对各自粒子的同一个属性进行测量时，我们会得到两个结果，或为 +，或为 –，它们之间完全相关。因此，粒子对的情况与长相相同的孪生子的完全相同。我们此刻要做的，只是将用于描述孪生子的语言转换为描述粒子模型的语言。我们会使用下列对应关系：

• 身高对应属性 x：高个子对应结果 +，矮个子对应结果 –。
• 眼睛颜色对应属性 y：蓝色眼睛对应结果 +，棕色眼睛对应结果 –。
• 头发颜色对应属性 z：褐色头发对应结果 +，金黄头发对应结果 –。

现在，基于完全相关性以及 EPR 现实标准，我们便可将之前针对孪生子的方法应用于粒子对了。也就是说，如果我们测量一个粒子的一种属性，我们便会知道，另一个粒子也携带相同的属性，如果我们能观察到的话。

（装置 A 开关设置　　（装置 A 开关设置　　（装置 A 开关设置
　为 x、装置 B 开　　　为 x、装置 B 开　　　为 y、装置 B 开
　关设置为 y、结　　≤　关设置为 z、结果　＋　关设置为 z、结果
　果为 ++ 的数量）　　　为 ++ 的数量）　　　为 +- 的数量）

这样，应用于孪生子的贝尔不等式，便被直接转化为应用于我们实验中粒子对的贝尔不等式了。现在的问题在于，粒子对在现实世界中是如何运行的。截至目前，人们为此已做过许多实验。几乎所有这些实验都是用光的粒子即光子进行的。下面，我们将对此进行详细介绍。

纠缠光子

我们直奔主题，直接讨论发生偏振纠缠的光子对。在日常生活中，我们也同样知道，光的偏振是光的一种属性。它描述了光振荡的方式，包括水平振荡（前后），垂直振荡（上下）以及沿某一其他方向的振荡。例如，摄影师为了能在照照片时免受反光或眩光影响，会使用偏振滤光器。

单个光粒子即光子同样会发生偏振。我们来看一下，对于单个光子，我们如何去判定它是否沿着某个方向发生偏振。对于这个光子，只有两种可能。不管你选择哪一个方向，它要么最终会平行于这一方向偏振，即我们所说的垂直偏振，要么沿着与这一方向正交的方向偏振，即我们所说的水平偏振。

现在，我们将粒子对的情况转化为偏振光子对的情况。实验中，创建纠缠的光子对是相当容易的，因为这两个光子的偏振相互间紧密联系，确实以薛定谔意味着的那种方式纠缠起来。纠缠有多种不同的方式，具体呈现什么方式取决于我们所使用的发射源类型。我们来设想一个简单的情形，即发射源产生的两个光子在沿同一方向被测量时，总能呈现出相同的偏振。此时，两个光子最终要么均呈水平偏振，要么均呈垂直偏振。然后，x、y 与 z 设置下的三次测量将会分别对应于沿三个不同方向偏振的测量（见图 II）。

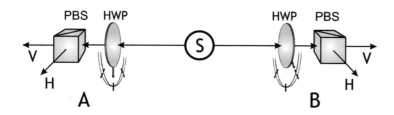

图 II　光子对偏振纠缠观察实验。发射源 S 产生光子对。其中一个光子被发送至测量站 A，另一个光子被发送至测量站 B。每个光子的偏振通过偏振分束器（PBS）进行测量。当光子出现在 H 光束中时，它发生水平偏振；当光子出现在 V 光束中时，它发生垂直偏振。对沿不同方向偏振的测量可通过半波片（HWP）来完成。这种半波片能够根据其具体方向将偏振偏转一定角度。使用固定的 PBS 与可旋转的 HWP 进行测量，效果与使用一台可旋转的 PBS 进行测量相同。通过这种方式，我们便可以测得沿任何方向发生的偏振。

如果我们使用的是一台偏振分束器（PBS）和一个可旋转半波片（HWP）组合的设备，那么我们将可测得沿任何方向发生的偏振。我们来看半波片处于三个不同位置的情况。这意味着，我们将沿三个不同的方向对偏振进行测量。假定我们将沿第一个方向测得的偏振结果称为 H 和 V，沿第二个方向测得的结果称为 H' 和 V'，沿第三个方向测得的结果称为 H" 和 V"。此时，我们便可再次测量三种不同的属性，即基于偏振器三个不同方向的偏振。然后，对于选定方向下的偏振形式，我们便会得到水平偏振和垂直偏振这两个结果。

现在，我们可以再次考虑两个不同的情况。首先是测量站 A、B 两侧都沿同一方向测量偏振的情况，此时两个半波片的方向相同。由于纠缠作用，我们在两侧会得到相同的结果。因此，我们会得到下列六种组合之一：H–H、V–V、H'–H'、V'–V'、H"–H" 和 V"–V"。这种完全相关性是我们推导贝尔不等式的起点。

然后，我们再将目光转向我们在两侧测量站选择不同偏振器方向的情况。此时，我们可以将到目前为止存在的贝尔不等式转化为新的情况。我们只需将结果 H、H' 或 H" 转化为 +，然后将结果 V、V' 或 V" 转化为 –。半波片的三个方向对应着开关的三个不同设置 x、y、z。由此，我们便得到了偏振纠缠光子对的贝尔不等式：

（光子 1 发生 H 偏振、光子 2 发生 H' 偏振的光子对数量） $\leqslant$ （光子 1 发生 H 偏振、光子 2 发生 H" 偏振的光子对数量） + （光子 1 发生 H' 偏振、光子 2 发生 V" 偏振的光子对数量）

最后，我们得出了非常重要的结论。我们已经能在实验中进行成功预测，并且对此预测进行直接检验。现在，我们仍面临两个问题。首先，方才我们所看到的不等式是否与量子物理学的全部预测相符呢？令人意想不到的是，答案竟然是否定的。对于偏振器的某些偏振设置的情况，比如说我们例子中的半波片的某几个方向，上述不等式不再成立。[7] 在这些情况下，不等式右侧两项的和小于不等式左侧的值。因此，量子力学与推导出贝尔不等式的论据之间出现了一个矛盾，即定域实在论。

其次，实验中到底发生了哪一种情况？大自然会遵循量子物理学，还是会服从于定域实在论带来的局限性呢？实际上，在实验中，光子完全按照量子力学的预测行事。截至目前，在所有的此类实验中，除了早期进行的实验，其他都完美符合量子力学的预测。

贝尔不等式推导中的假设条件同样也是定域实在论的假设条件。因此，我们的结论是：定域实在论的哲学立场是站不住脚的。这样，通过实验，一个关于世界是什么样子的哲学问题便有了答案。[8]

这意味着什么？

像贝尔不等式这样简单的说法，怎么可能在自然界不成立呢？我们的问题在于，引领我们推导出贝尔不等式的因素过于简单，以至于我认为，如果古希腊哲学家亚里士多德在他的时代便能意识到这是一个发人深思和事关重大的问题，那他早就推导出贝尔不等式了。我们不需要用量子力学推导出这一不等式。然而，亚里士多德一定不会想到这会成为一个有意义的问题。相反，他很可能会认为，这一问题十分无趣，因为很显然，大自然的行事方式不可能违反这一不等式。让我们再回想一下我们之前讨论过的同卵孪生子的例子，其正体现了我们对孪生子之间的相关性的完美解释。

量子粒子的行为方式与长相相同的孪生子的不同。尽管它们在针对同一个属性被测量时总会显示相同的结果，但我们却不能因此而解释说：它们在被观察之前便独自携带这一属性了，而且这一属性不受观察的影响。

那么，从贝尔不等式被违反这件事中，我们能得出什么结论呢？显而易见，在推导它的过程中，我们所使用的假设至少有一个是错误的。那么这些假设都有哪些呢？

第一个基本假设是实在性假设。它指的是，实验结果能够在某种程度上反映出我们所测量的粒子的特性。第二个基本假设是定域性假设。举例来说，这一假设认为，测量装置 B 包括粒子 b 的现实物理状态，一定不会受到同时使用测量装置 A 对远端粒子 a 进行测量的方式的影响。

对于第三个假设，我们直接拿来使用了，并没有进行详细解读。这一假设认为，如果我们之前测量过的属性与当下实际被测量的属性不同，那么此时需要重新考虑实验会得出何种结果。拿孪生子的例子来讲，这一假设意味着，即便我们不考虑孪生子的身高，我们也必然假设蓝色眼睛、金黄头发的孪生子要么是高个子，要么是矮个子。当我们测量粒子时，这意味着，即便我们在开关设置为 x 时测量粒子，我们同样也应考虑开关设置为 z 时的测量结果。

现在，我们来讨论一下定域实在论崩溃可能会带来的几个概念性后果。其中一个可能是，实在性假设是错误的。理论上，这就是说，某次实验中观察到的粒子的属性，在其被测量之前并不是一个物理现实要素。最终，这意味着，现实取决于观察者即实验者关于进行何种测量的决定。实在性的崩溃意味着，测得的结果并不能反映任何预先存在的和独立于观测的性质。

另外一种可能是，定域性假设是错误的。比如，这种定域性的崩溃意味着，我们对时间和空间的认知存在某些方面的错误。不管系统中单个组成部分之间相距多远，包含了两个或者更多纠缠粒子的量子系统仍然是一个没有被分割的完整实体。

第三个假设的崩溃意味着，只有在系统的属性被真实测量过之后，我们才允许对这些属性进行讨论。简言之，"如果说……"这样的说法将是不合规的。显然，这与我们的日常经验是矛盾的。我们经常会考虑另外的可能替代方案，并基于这些方案可能产生的结果做决定。例如，为了知道我们在交通高峰期闭着眼睛横穿高速公路会产生何种后果，我们并不一定果真要进行一次这样的实验。

当下，对于贝尔不等式被违反会引发哪些哲学上的后果，科学界尚无定论。对于人们目前应持什么立场，共识甚至就更少了。几乎所有物理学家都认为，实验已经证明了定域实在论的立场不可取。多数物理学家的观点是，贝尔不等式被违反向我们表明，量子力学是非定域性的。这种非定域性正是阿尔伯特·爱因斯坦所称的"鬼魅般的"。对一个粒子的测量将会瞬间影响到另一个粒子，这简直让人惊掉下巴。

还有另外一种可能是，我们认为的这个世界具有并不依赖我们而存在的自身属性，实际上是不正确的。这将意味着，仅通过决定测量什么，我们便将从本质上影响现实世界。

确实有迹象表明，这可能是我们不得不接受的。对个中玄妙，最有力的证明便是所谓的科亨-施佩克尔悖论。[9]说来话长，本书不做赘述，仅对其做简短概述。科亨-施佩克尔悖论表述起来并不复杂，其大意是指：即便对于单个量子系统，如其足够复杂，也不可能赋予其一些现实要素，从而解释全部可能的实验结果，且无须考虑全部的实验背景（即无须考虑同时对同一个系统进行的是哪一项测量）。然而，由于科亨与施佩克尔只考虑了单个量子粒子的测量，因此定域性假设并没有起到任何作用。

为了使我们的论述更加完整，下面再补充另外几个立场。至少，这几个立场在理论上是成立的。一个是完全决定论假设。在这一假设情形下，一切都是预先确定的，甚至包括观察者将要做出的测量什么的决定。由此，如果观察者将要测量粒子的其他属性，那么粒子将会携带什么属性这种问题根本不会出现。所以说，一系列对贝尔不等式的逻辑推理过程将无法进行。显然，这样的立场将会彻底消灭科学的基础。如果事实的确如此，那么做一次实验将意味着什么呢？毕竟，实验是向自然发问。如果自然本身决定了这个问题，那么也许我们还不如压根不问这个问题。

另一个逻辑上可能存在的立场是，我们可以假定对单个粒子的单独测量能够影响过去。按照这一设想，这类测量将会影响过去的发射源，并能告知处于过去的发射源发射带有哪些属性的粒子。这再次表明，这样的立场意味着，我们的时空观将彻底被颠覆。

对于这几个哲学问题答案的探索，我们只能搁置于此。然而有迹象表明，这些问题的答案都与信息的作用息息相关。也许，信息与现实这两个概念真的不能彼此分离。[10]

参考文献

1. A. Einstein, B. Podolsky, and N. Rosen, "Can Quantum-Mechanical Description of Physical Reality Be Considered Complete?" *Physical Review* 47 (May 15, 1935): 777.

2. E. Schrödinger, "Die gegenwärtige Situation der Quantenmechanik," *Naturwissenschaften* 23 (1935): 807, 823, 844. English translation: *Proceedings of the American Philosophical Society* 124, (1980): 323.

3. J. S. Bell, "On the Einstein-Podolsky-Rosen Paradox," *Physics* 1 (1964): 195–200.

4. N. D. Mermin, "Bringing Home the Atomic World: Quantum Mysteries for Anybody," *American Journal of Physics* 49 (1981): 940.

5. E. P. Wigner, "On Hidden Variables and Quantum Mechanical Probabilities," *American Journal of Physics* 38 (1970): 1005.

6. B. d'Espagnat, *Le réel voilé, analyse des concepts quantiques* (Paris: Fayard, 1994). English translation: *Veiled Reality, An Analysis of Present-Day Quantum Mechanical Concepts* (Reading, MA: Addison-Wesley, 1995).

7. For an overview see A. Zeilinger, G. Weihs, T. Jennewein, and M. Aspelmeyer, "Happy Centenary, Photon," *Nature* 433 (2005): 230.

8. 为了完整起见，我们注意到，在现在的实验中，仍然存在一些漏洞。然而，我们认为这些漏洞在不久的将来会被堵住。

9. S. Kochen and E. Specker, "The Problem of Hidden Variables in Quantum Mechanics," *Journal of Mathematics and Mechanics* 17 (1967): 59.

10. Hans Christian von Baeyer, "In the Beginning Was the Bit," *New Scientist* 2278 (2001): 26–33.

术语表

贝尔不等式（Bell's inequality）：由约翰·贝尔推导出的一个数学表达式。它描述了两个经典系统之间相关性在强度上有限的事实。对于纠缠态的量子力学测量能够使贝尔不等式被违反。

贝尔态（Bell states）：两个光子的偏振之间可通过四种不同方式发生纠缠的概念。这四种状态是四个最大纠缠的贝尔态。

贝尔定理（Bell's theorem）：认为纠缠态及量子物理学与定域实在论相违背。

经典物理学（classical physics）：量子物理学出现之前的物理学领域。在此领域中，物体可具有确定的属性，量子不确定性不适用。

双缝实验（double-slit experiment）：光或任何其他粒子通过一个带有两个狭缝开口的隔板的实验。观察屏上显示的粒子分布图案，依赖于粒子通过哪条路径的信息是否存在。

电光调制器（electro-optical modulator）：根据被施加电压的不同对光偏振实施偏转的一种仪器。

纠缠（entanglement）：量子物理学的一个概念，认为两个或两个以上粒子，相较于它们在经典物理学中，相互之间具备强得多的联系。对其中一个粒子的测量，能够在瞬间跨越任意距离影响其他粒子的量子态。阿尔伯特·爱因斯坦称纠缠为"鬼魅般的超距作用"。

熵（entropy）：对物理系统无序程度的一种度量，系统的一个特定状态对应于其内部微观成分的大量组合方式。此状态所具有的熵的数值由这些组合方式的数目来决定。各种可能的方式越多，熵值便越大。

海森伯不确定性原理（Heisenberg's uncertainty principle）：量子粒子不可能处于确定的位置，同时具有确定的动量（代表速度）。其中一个越确定，另外一个便变得越不确定。

启发法（heuristics）：通过基于常识的直觉方法发现物理学规律或物理学原理的方法，一种猜想可能的解决方案或解释的方法。

隐变量（hidden variable）：量子系统可能携带无法被直接观测到的附加属性，但它可能有助于人们从深层次上解释实验结果。

干涉条纹（interference fringes）：人们在双缝实验器材后面的观测屏上观察到的明暗相间的条纹。

激光器（laser）：一种高光强光源。在激光束中，光发生同步振荡。

定域实在论（local realism）：认为观测结果与现实存在相对应，其不受实验者观察的影响且信息传播速度不会超过光速。

马吕斯定律（Malus's law）：描述通过偏振器的偏振光的光强，如何随偏振光的偏振方向与偏振器透振方向间的夹角的变化而变化的定律。从数学上讲，马吕斯定律是一种余弦定律。

粒子（particle）：一个粒子位于一个确定的单独的位置，并沿确定的轨迹在空间中移动。

光电效应（photoelectric effect）：当高于特定频率的光子撞击金属板时，板中电子会受激发向空中逃逸的现象。

光子（photon）：一种基本的光量子粒子。

光偏振（polarization of light）：光波中电场的振荡方式。

概率（probability）：用来表示某种特定实验结果出现多么频繁或出现可能性大小的量。

量子（quantum）：起初指每个原子或者亚原子粒子，目前指的是能够呈现诸如叠加与纠缠等量子行为的每一个系统。

量子互补性（quantum complementarity）：在一个量子系统中测量一对非对易的可观测量（例如双缝实验中的粒子路径以及干涉条纹对比度），不能同时得到精确值，且对两者的测量精度存在一种平衡关系。

量子力学（quantum mechanics）：区别于经典力学的一个物理学领域，创立之初研究微观粒子，目前研究对象逐渐扩展至更大的物体。这一领域受诸如量子不确定性及纠缠等概念引领。

量子叠加（quantum superposition）：量子系统可同时处于两种状态（例如两种不同的自旋态）的特征。

量子隐形传态（quantum teleportation）：利用量子纠缠将一个微观粒子携带的量子态传递到另一个微观粒子上，而不用传递携带状态的微观粒子本身。

夸克（quark）：一种基本组成粒子。

随机数发生器（random-number generator）：一种产生随机数序列的仪器，可用于多种数学任务。

波粒二象性（wave-particle dualism）：根据选择的实验不同，光子及其他微观粒子可能表现出波动的性质，也可能表现出粒子的性质。